把握人生 努力拼搏

朱雪娜 编著

煤炭工业出版社
·北京·

图书在版编目（CIP）数据

把握人生，努力拼搏 / 朱雪娜编著. -- 北京：煤炭工业出版社，2018

ISBN 978-7-5020-6494-5

Ⅰ.①把… Ⅱ.①朱… Ⅲ.①成功心理—通俗读物 Ⅳ.①B848.4-49

中国版本图书馆 CIP 数据核字（2018）第 037021 号

把握人生 努力拼搏

编　　著　朱雪娜
责任编辑　马明仁
封面设计　浩　天

出版发行　煤炭工业出版社（北京市朝阳区芍药居 35 号　100029）
电　　话　010-84657898（总编室）
　　　　　010-64018321（发行部）　010-84657880（读者服务部）
电子信箱　cciph612@126.com
网　　址　www.cciph.com.cn
印　　刷　永清县晔盛亚胶印有限公司
经　　销　全国新华书店

开　　本　880mm×1230mm $^{1}/_{32}$　**印张**　$7^{1}/_{2}$　**字数**　200 千字
版　　次　2018 年 5 月第 1 版　2018 年 5 月第 1 次印刷
社内编号　9374　　**定价**　38.80 元

前　言

由于羡慕别人所带来的心理失衡，许多人经常抱怨自己生不逢时、命运不公，感叹人生苦涩，成功无门，却对自身拥有的一切优势视而不见。在一定意义上讲，你能来到这个世界本身就是一种幸运，能有一个健康的身体则是上天最大的恩赐。在实际生活中，一定会有许多相识或不相识的人在由衷地羡慕你，羡慕你的健康，羡慕你的年轻，羡慕你的聪明才智……

或许那些所谓比你“富足”的人使你羡慕不已，太多的“榜样”令你有些应接不暇，由于此等心态的影响，几年后，或许各种原因，你还是原地踏步。久而久之，你的心理难免要失衡，你的压力也无端地加大。于是在你的人生路上又一次方寸大乱……形成“马太”效应，你和人家的距离会越来越远。

当今的社会，逐渐进入了一个崇尚个性的时代，张扬出自己的个性，活出自己的精彩，通常会为你赢得更多的机会。如果你总是默默无闻，没有属于自己的成就，就逐渐会被人们遗忘。所以，与其羡慕别人，不如做优秀的自己。本书像一把钥匙，轻轻打开你的心扉和心智，使你及时地获得心灵的浇灌和抚慰，从而变得理性、坚强无比、豪气万千。

成功其实并不难，别人能做到的，你一定也能做得到。书里面有很多成功人士的经验介绍，它能助你尽快找到生活的方向，从而在人生的旅途上少走弯路。细心研读，仔细品味，它还会使你犹如拉满弓的箭，加快你成功的脚步。

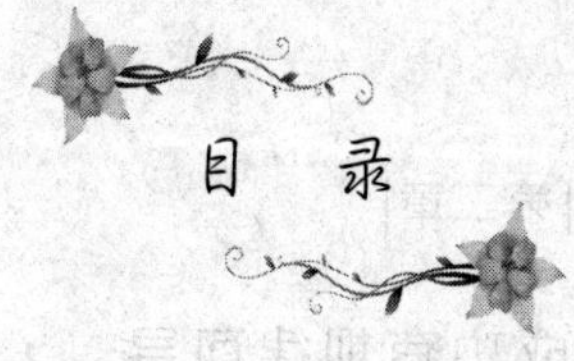

目录

|第一章|

莫让别人的辉煌掩盖了自己

不要过度地羡慕别人 / 3

人人都在相互羡慕 / 7

羡慕别人，不如做好自己 / 11

做个不盲从的人 / 13

与其羡慕，不如学习 / 18

|第二章|

成功有规律可寻

要想成功先学“成功学” / 25

成功就是简单的事情反复做 / 29

要有成功构想 / 35

遵从成功的模式和行动 / 38

近朱者赤，近墨者黑 / 42

帮助成功者也是帮助自己 / 47

行动不必万事俱备 / 51

|第三章|

准成功者的姿态

只有志在成功才能成功 / 59

学会低头弯腰 / 62

坚持只要最好的 / 67

比对手提前五分钟抢占制高点 / 71

细节决定成败 / 75

营造出自己的影响力 / 81

|第四章|

把苦难当作人生的财富

不要为“打翻的牛奶”而哭泣 / 87

坦然地迎接失败 / 91

苦难是宝贵的财富 / 94

失败孕育成功 / 98

克服困难，心态要乐观 / 101

低谷只是人生中的一个阶段 / 105

|第五章|

信念是个支点

抓住偶然的机会 / 111
你就是一只雄鹰 / 115
信心就是力量 / 119
信心产生快乐 / 123
自信就有机会 / 125
打造自信心 / 129
发挥信念的威力 / 134
信念是成功的火种 / 138
把潜意识转化成信念 / 143
信念决定成功 / 147
信念是人生的支柱 / 151

|第六章|

心态决定命运

心态决定命运 / 159

把忧虑清出你的头脑 / 161

铲除人生的毒瘤——浮躁 / 167

把压力变成动力 / 173

战胜恐惧 / 177

放下抱怨的包袱 / 181

拥有“心光心态” / 186

正确地衡量得失 / 190

保持一颗平常心 / 194

宰相肚里能撑船 / 199

|第七章|

唤醒沉睡的潜力

思想决定命运 / 207

改变世界从思考开始 / 211

系统思考，见树木，更见森林 / 214

学会反思 / 217

开发你的潜能 / 220

潜移默化 / 224

第一章

莫让别人的辉煌掩盖了自己

不要过度地羡慕别人

看着身边的人们一天天地比自己优越，你可能免不了会心生羡慕。如果你过度地羡慕别人，习惯性地将自己所做的贡献和处境与一个和自己条件相当的人进行比较，如果某一项比值大于你，那么你就会耿耿于怀，产生心理失衡。

有一个青年总是觉得不如别人生活得幸福，别人的生活对他来说，无忧无虑，好像神仙一般，应有尽有。而自己时运不济，生活不幸福，终日愁眉不展。

有一天，走过一个鹤发童颜的老人，问：“年轻人，你为

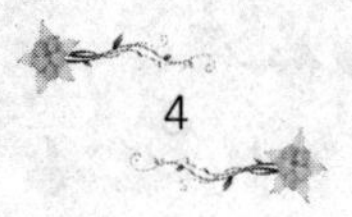

什么不高兴？”

“我不明白自己为什么老是这么穷。”“是这样吗？”老人问。年轻人点了点头。老人接着问道：“假如拿走你的一根手指头给你1000元，你干不干？”“不干！”年轻人果断地回答。“假如拿走你的一只手，给你1万元，你干不干？”“不干！”“假如让你马上变成80岁的老翁，给你100万元，你干不干？”“不干！”“假如让你马上死掉，给你1000万元，你干不干？”“不干！”“这就对了，你身上的钱已经超过1000万了呀！”

其实我们不必对自己太苛求，我们又怎么知道别人一定比自己好？事实上每个人都有令人羡慕的东西，也有自己缺憾的东西，没有一个人能拥有世界全部的美好。重要的在于自己的内心感觉。

如果看到周围的朋友买了漂亮的大房子你会羡慕，买了车你也会羡慕……羡慕与不满足心理犹如一对双胞胎姐妹，相伴而生。过度的羡慕是不满足的前提和诱因，和那些成功人士比安逸、比富有、比阔气，致使自己心理失衡，越来越不满足。

有的人则为自己能出人头地、占据上风而无限度地追求个人名利，虚荣心越来越强。

例如，某些官员看到与自己同等级别的其他官员用车比自己高级、住房比自己宽敞，自己甚至还不如某些级别和职务低的人，心里自然会感到很不平衡，于是换车换房也就不足为奇。其原因主要是心理上的诱因导致的。

在一些聚会的高档场所，总有一些人侃侃而谈、笑容可掬。他们是聚会中的主角，风光无限，机智、幽默是他们的魅力光环，有他们的存在，总显得那么热闹非凡。当然，你只是看到花团锦簇中的笑靥，而永远看不到深夜中那双眼眸流下的泪水。我们不要总是羡慕别人，每个人都有自己的思想，自己的生活方式，生活所给予的也总是或多或少，不需要太过在意。在人生旅途中，你只要看好自己脚下的路，走好便可以了。

在你过度羡慕别人的同时，不妨换个角度想一想，比你优越的人是不是已经失去了许多自由，而且还吃了不少的苦。你所看到的只是人家劳动带来的成果，而想不到成果背后所付出的艰辛和努力。那些心态平和的人也许生活中物质的享受并不比任何人好，只是他能接受自己，觉得自己好而已。

我们都有羡慕别人的心理，其实是很正常的事情。它也有

可能会变成超越别人的动力，这时它是一种不可或缺的有益心理。但如果我们把对别人的羡慕变成心中的狭隘和妒火中烧，从而做出一些不理智的事情，甚至把羡慕变成自卑，觉得自己处处不如人，人生处处是陷阱，因而对人生失去勇气和信心，这些都是不可取的。

在羡慕别人的同时，你不妨也找找自己的优点、亮点，给自己打气、加油、叫好、喝彩，时不时也羡慕一下自己，并在一个合适的时候奖励自己一下。

人人都在相互羡慕

这个世界上，没有人是不羡慕别人的。尺有所短，寸有所长，在你羡慕别人时，很可能别人也正羡慕着你，无非是站在不同位置，从不同角度着眼罢了。

一般来说，穷人羡慕富人，士兵羡慕将军，丑女羡慕美人，残疾人羡慕健康人，失败者羡慕成功者，少男少女羡慕明星，打工仔羡慕老板，名落孙山者羡慕金榜题名者……这好像很正常，人往高处走，眼朝高处看嘛！其实，也未必尽然。

即便贵为主席、总统，或为世界首富，或为名扬四海的歌星、影星，或为著名专家学者，照样要羡慕别人，更不用说平

民百姓了。孩子往往羡慕大人，因为大人有很多钱，可以买很多好吃和好玩的东西；大人羡慕孩子，因为孩子天真无邪、活力无限，好像八九点钟的太阳。普通人羡慕名人，因为名人受万众瞩目，各种场合风光无限；名人又羡慕普通人，因为普通人自自在在，更多的时间属于自己……

我们羡慕别人的动机都是相似的，由于立场和兴趣的不同，羡慕的对象又是不相同的。有的人把羡慕之意流露于言谈举止之间，有的人把羡慕之情默默地深埋心底。

其实，在这个大千世界中，不管是南来的，还是北往的，一定会有很多认识或不认识的人也在由衷地羡慕着你，羡慕你的执着，羡慕你的卓越和高明……

然而有许多人经常抱怨自己生不逢时，运气不好，抱怨老天不公，感叹人生苦涩，发财无门，却对自身拥有的一切视而不见。我们只要能生长在这个绚丽多彩的世界，享受科技带来的高度文明，本来就是一件很幸福的事情，如果我们再有健壮的体魄和一些天赋则是时代最大的宠儿。

与其眼巴巴地望着别人的“金山银海”，不如心无旁骛地守住自己所拥有的一切。不论眼前背负多么沉重的重荷，你都要挺直你的脊梁；不论现实多么令你泪水涟涟，你也要轻轻

揩去，不要误了前方的良辰美景。纵然是一抔黄土，你也要守着，默默耕耘，因为黄土里的种子会生根发芽，再用你辛勤的汗水去浇灌，最后总会带给你硕果累累的回报。

这样你就会发现，原来自己也很优秀和令人羡慕。你羡慕他有钱，他却羡慕你年轻；你羡慕她漂亮，她却羡慕你健康；你羡慕他高大，他却羡慕你聪明；你羡慕她用得起昂贵的法国化妆品，她却羡慕你是“清水出芙蓉，天然去雕饰”。

羡慕、羡慕……无尽的羡慕。羡慕的对象是别人，而丢掉的是可悲的自己。属于我们自己的平凡日子还得一天天地过，平凡的路还要一步步地走，与其背上羡慕的包袱，不如耸耸肩、宽容地带走心头的阴沉。

俗话说“金窝银窝不如自己的狗窝”。羡慕别人的优越，不如珍惜我们自身所拥有的一切，哪怕是失败的教训、惨痛的经历、无奈的流泪，因为只有它才是属于我们自己的，随着日子的飞逝，所有的一切都会有如美酒，弥久而沉香。

我们要有一定的自制和控制力，可以任由羡慕的思绪蔓延，可以一览宽阔无边的大海，可以驰骋美丽的草原风光，但我们不能松开思绪奔驰的缰绳，而成为一位失去理性的驭手。因为在羡慕的边缘，左边是通往欣赏的动力，右边则可能是通

往妒忌的悬崖峭壁。我们何不刹住通往右边的羡慕快车，理性有度地羡慕，提高自身的素质，从而不被它所累。

羡慕别人的优越，这本身没有错，但也不要看轻或否定自己……尺有所长，寸有所短。人的一生都有自身的亮点，也都有自身的不足。我们总是用放大镜无限放大了别人的优越，而对别人的不足忽略不计。相反，我们也总是对自身的优点视而不见，而无限放大了自身的弱点。小时候，我们总希望自己早一点长大，像大人那样潇洒。当长大了以后，我们发现自己增加了无穷无尽的烦恼，又不知不觉地羡慕起小孩来。

所以，我们要正确地对待羡慕，有效利用它积极的一面，去除一切消极的因素。

羡慕别人，不如做好自己

古人云：“临渊羡鱼，不如退而结网。”

其实在现实生活中，人人都有一条坎坷路，家家也都有一本难念的经。只是，生活中的我们展示给别人的总是风光和优秀的一面，就像上班族的白领们，临出门的时候，都要涂脂抹粉、描眉画眼一番，以显青春靓丽和光彩照人。只有回到家后，才还原为那个真实并不完美的自己。所以，生活其实都是一样的，我们在意别人的，别人又在意我们的，只是方向和角度不同罢了，这根本不存在什么可比性。

有位哲人曾说过：“只看到别人的优越而看不到自己的优势是懦夫的行为，好像拿着一只金碗眼巴巴地望着人家锅里的

粥一样。”

这句话乍一听不好理解，但细细品味，却也有它的道理。所以，不要把你的生命浪费在对别人的过度羡慕上，而应该为此激励自己：他能行，我肯定也能行。要跟自己的心灵去赛跑，每天进步一点点，日积月累，不愁秀不出自己来。

同样，走进那些明星名人的生活，他们同样有着不为人知的辛酸。美国总统格兰特晚年合伙投资失败，竟也逃脱不了穷困的折磨，在生命弥留之际，既忍受病痛的折磨，还要以顽强的毅力靠写回忆录来换取家常所需。总统里根晚年也受到不孝之子的虐待。据说著名导演谢晋的一个儿子是弱智。戴安娜和查尔斯王子的“经典爱情”竟是那般惨不忍睹。

所以，要懂得欣赏自己的生活，让自己活得潇潇洒洒。打造属于自己的领地，如果你能改变什么让自己感到愉快，那就做一些改变；不过，如果改变了以后会让自己不愉快，那么不管有多少人要你做，也不应该盲从。

另外，如果你向往远大愿望，如果自己目前不能做到，自己也不要去想那个不切实际的目标。这时，我们应该理解自己目前的处境，珍惜自己现在的拥有，做应该做的一切，做一个有所成就的人，从而不留下人生的遗憾。

做个不盲从的人

美国著名思想家、散文家爱默生曾经说过："想成为一个真正的'人'，首先必须是个不盲从的人。你心灵的完整性是不容侵犯的……当我放弃自己的立场，而想用别人的观点去看一件事的时候，错误便造成了……"

爱默生写过一篇著名的散文《说自信》，他在文中写道："在每一个人的教育过程之中，他一定会在某时期发现，不论好坏，他必须保持本色。虽然广大的宇宙之间充满了好的东西，可是除非耕作那一块给他耕作的土地，否则他绝得不到好的收成。他所有的能力是自然界的一种新能力，除了他之外，

没有人知道他能做出什么和知道些什么，而这都是他必须去尝试求取的。”

作为一个人，只要认为自己的立场和观点正确，就要勇于坚持下去，而不要过分在乎别人如何去评价。

被称为“世界旅馆大王”的威尔逊是一个勇于坚持自我、做事不盲从的人。当他开始创业的时候，非常艰难，基本上一无所有。第二次世界大战过后，威尔逊才积蓄了一点钱。他从长远的眼光出发，认为从事地产生意一定会有利可图，于是，他下了决心要从事地产生意。而当时的背景可没有他想象的那样好，由于当时刚经过战争，经济大伤元气，各行各业有待复苏，人们的生活都不富裕，做地产生意的人很少，建住宅、商房和厂房的人也不多，所以地产一直不被人们看好，价格很低，连威尔逊身边的亲友都认为从事地产生意会无利可图。但威尔逊却不这样认为，他想，当时的美国经济虽然落后，但作为世界大战的战胜国，经济一定会快速复苏的，地产的升值潜力也一定会有很大的空间。

威尔逊说做就做，他用自己的全部家当和一部分贷款买

下了离市区很远的一大块不被人看好的地皮。这块地皮地势低洼，既不适于耕种，也不适于盖房，除了威尔逊之外，没有人对它关注。威尔逊去那里看了两次后，便以低价买下了那块地皮。尽管当时他的妻子和母亲都来阻止他，但威尔逊始终没有向她们妥协，他几乎是胸有成竹，认为美国经济会快速兴盛起来，城市会越来越大，他买的那块地皮会有丰厚的升值潜力。

趋势正是按着威尔逊的思路发生着变化，过了三年，城市经济蓬勃发展，人口数量激增，城区迅速向周围扩展。宽阔的大马路一直修到威尔逊买下的那块地皮的边上，这时候的人们才开始发现这里实在是太美了，宽阔的河水从旁边一直通向远方，河的两岸绿树成荫，鸟语花香，是一块很适合人类消夏避暑的风水宝地，于是它的价格一下子猛涨了几倍，许多人都看好了这个地方，都以丰厚的价格来购买它。但威尔逊并没有急着处理掉，他留下了它，并在上面盖了一座汽车旅馆，起名为“假日旅馆”。

由于假日旅馆所处的地理位置优越，风景优美，又方便适宜。开业后，游客络绎不绝，生意非常红火。后来，他的假

日旅馆迅速地发展到全国和世界其他的一些地方。这位高瞻远瞩、不盲从的人收获了巨额的财富。

开始，威尔逊以他独到的眼光买下一大块当时不被人们看好的地皮，尽管有亲朋好友的反对，但他坚持自己、没有盲从他们的意见。随着美国经济的发展，地皮价格飞涨，他也没有趁机出售那块大地皮，发一笔小财。而是盖起了一座汽车旅馆，获得了更大的财富。

如果你用智慧的眼光看到一项并不被人支持的事物，或不随便迁就一项普遍被人支持的事物，而它又具有潜在的价值，这时如果你能坚持自己，就不是一件简单的事。你一旦这样做了，就一定会赢得别人的尊重，体现出自己的价值。

美国人曾经必须靠自己的决断来求取生存。在早期那些驾着马车向西部开发的拓荒者，遇到事情时并没有机会找专家来帮忙解决问题。不管是遇到紧急情况或任何危机，他们也只能依靠自己的智慧和力量；要想安顿家庭，没有建筑公司，完全得靠自己的双手；生病时，没有医生，他们便掌握和运用常识或家庭秘方；想要食物，更是靠自己去耕种或猎捕。这些人，

每当遇到生活上的各种问题，都得立即下判断，做决定。事实上，他们也一直做得很好。

现在的社会也是一个权威、专家充斥的社会。由于人们已十分习惯于依赖这些专家所谓权威性的看法，所以便逐渐丧失了对自己的信心，认为专家的话都是正确无误的，以至于不能对许多事情提出自己的意见或坚持信念。可以这样说，这些专家之所以有现在的社会地位，是因为那是人们让他们取得的。

与其羡慕，不如学习

成功者的身上或多或少的都会有值得我们学习的地方，他们最初的成功或许也是模仿已有的成功者的经验，在此基础上又不断地突出自己的个性，从而成为了一个有自己风格的成功者。

通过模仿能使人快速地获得成功，当今美国著名潜能专家安东尼·列宾说："别人能够做到的，你同样也能够做到。"这跟你的意愿无关，而涉及你使用的方法，也就是参照那人是怎么去做的。本质上的一些成功因素是需要自身具备的，但是方法绝对是可以借鉴的。

那些成功者之所以能获得成功，是因为他们付出了努力奋

斗之汗水，历经了无数艰辛的磨砺，才换来了成功。由于环境的变迁，这时，你不必重走他们过去走过的老路，但是他们的经验却可以为我们所用，这样你就可以节约重新发现和总结这些经验的时间，从而更快地取得成功。

人人都希望花很少的精力来达到自己最大的成功，而有的成功者有时需要长达几年甚至数十年才能到达。其中的过程充满着艰辛和考验，是完全依靠自己的力量摸索出的成功之路，但在成功学家看来，这并不是最好的办法。

他山之石，可以攻玉。成功者成功的方法，都是经过反复实践检验、行得通的、可操作的。向成功的人学习成功的方法，就必然要直接或间接与成功者为伍，受他们的世界观、思维方法的影响而积极上进。

我们模仿成功者，并不是我们要重复走他们走过的老路，由于境遇的变迁，那样做反而不好，往往会适得其反。我们应该直接吸取他们的经验，学习他们克服困难的精神，总结出自己的一套成功模式，并加以运用到实践中去。

安东尼说："就我看来，模仿是通往卓越的捷径，也就是说如果我看见别人做出令我心羡的成就，那么只要我愿意付出时间和努力的代价，也就可以做出相同的结果来。如果你想成功，你

只要能找出一种方式去模仿那一些成功者，便能如愿。”

以前，日本的一家公司在技术方面总是竞争不过它的对手，竞争对手是美国的一家公司。为了能全面知己知彼，日本的这家公司派了一个人到美国去，让他去打探竞争对手的情况。

有一天，美国这家公司的总经理乘车外出办事，在公司的大门口把竞争对手派来的人撞伤了，总经理感到非常遗憾，想用一大笔钱来补偿这个日本人。这个日本人却说，他在美国无依无靠，希望能留在公司里做一些事情。总经理爽快地答应下来。于是，这个日本人就进了竞争对手的公司当卧底，没用多长时间，他就学到了该厂的很多关键技术和管理经验，他彻底拿到了自己想要的东西。一年后，这个日本人突然失踪了。不久后，美国公司的技术出现在了日本。

世界华人成功学权威陈安之说：“成功最重要的秘诀，就是要运用已经证明有效的成功方法。”你必须向成功者学习，了解成功者的思考模式，加以运用到自己身上，然后再以自己

的风格，创新出属于自己的成功方法。

听君一席话，胜读十年书。如果我们肯放下面子，拿出勇气来，当面向那些比我们成功的人请教，并且我们仔细观察成功者所做的一切，看看他们是怎么做的，他们怎么待人接物，他们怎么学习，他们如何处理各种难题，这些都是值得我们向他们学习的地方，也是我们能够从他们那里获得成功秘诀的最好方法。如果我们没有条件接触到那些成功者，我们可以看他们写的书，从中寻找出隐藏的思想精华。

第二章

成功有规律可寻

要想成功先学“成功学”

世界华人成功学权威陈安之说：“那些成功的人士之所以成功，一定有道理，一定有方法，也一定有原因。要做好菜先要学做菜，要打好网球要先学打网球，要成功为什么不先学成功学呢？”

美国著名成功学家拿破仑·希尔，堪称是世界上最伟大的成功励志大师，他创建的成功哲学和17项成功原则，加上他那永远如火如荼的热情，鼓舞了千百万人，因此他被称为“百万富翁的创造者”。他的影响已经远远超出了成功学的范畴。当

第一次世界大战爆发时，威尔逊总统用他的励志秘诀训练和鼓舞士兵，筹募军费。这使拿破仑·希尔的名字与一个国家的历史发生了联系。

1929年经济大崩溃袭击美国后，美国人陷入到对恢复昔日繁荣的深深绝望之中。1933年，罗斯福总统把拿破仑·希尔请进白宫，协助他主持著名的“炉边谈话”节目，唤醒美国人沉睡已久的信心与活力。

拿破仑·希尔的功绩在于他把自己的思想、激情和声音注入到了每一个美国公民的心灵深处，他的思想发出的光辉影响了亿亿万万的人。他为罗斯福总统提供了前所未有的帮助，包括组建美国有史以来最为庞大的政府智囊机构，他的功勋可以说赫赫有名、掷地有声，为那次世界大战做好了充足的准备工作。而且他不计报酬的无私奉献，赢得了美国人民的一致尊重。

他的成功思想帮助了无数人重新获得了生活的勇气，使他们从一无所有到誉满天下，在这些人的心中对他有一种崇拜式的感动。后来的人们为了纪念成功学的先驱者，把卡耐基推为成功学的第一代宗师，拿破仑·希尔为第二代宗师，因为是他

把成功学创建成完整体系并发扬光大的。

在现在这个高度发达的社会里，“时间就是金钱，时间就是一切”的观念深入人心。21世纪成功打拼的是速度，赚钱靠的是时间差。学习成功学的目的是让我们大家能以最快的速度，最方便的方式，最少的金钱花费，学到当今世界最好的成功方法和成功模式。

要想成功，最快最直接的是学成功学。最佳选择是向成功学大师学。成功学大师有许多，其中有世界成功学大师戴尔·卡耐基和安东尼·罗宾，还有世界华人成功学权威陈安之。这些大师开办的培训课程有立竿见影的效果，会使自己获得长足的进步。

成功学里面有前人总结出的人生精华和至理经验。如戴尔·卡耐基著的《人性的优点》《人性的弱点》《积极的人生》等，这些书一版再版，一印再印，使世界上数亿的人受益，直到今天还产生着深远的影响。

在美国，上自经济大亨、政府领导，下至普通百姓，都参加过卡耐基的课程培训，也参加过拿破仑·希尔的课程培训。卡耐基课程和拿破仑·希尔课程及其教材在世界各地传播着成功学的影响。它帮助了成千上万的人克服了忧虑和各种各样的烦恼。

帮助他们重塑生活的信心，消除了成功路上的一道道屏障。

华人成功学权威陈安之老师创立的成功学，激励了中国很多有志于成就一番事业的人，他提供了一系列成功的方法与技巧，是一种指导性的思想。这些方法使他们的内心渐渐丰富和完善起来。成功的基础是内心的完善，有了这个基础，做起事情来就会事半功倍。

一个人要想有一番作为，最有效的方法是学习成功学，可以是培训，也可以读这方面的书籍。里面成功者的经验会帮助你在最短的时间内达到成功，这是通向成功的一条捷径。

成功就是简单的事情反复做

爱迪生为了发明电灯，寻找合适的灯丝，苦苦地进行了一次又一次试验。助手对他说：“我们花了很多时间，已经试了两万多次，但是仍然没有找到我们需要的。”爱迪生说：“但是我们知道了那两万种不能当灯丝。”最终，爱迪生发明了电灯。

有一个闻名全国的营销大师，在即将告别他的推销生涯时，为将他的推销方法和秘诀永为留传，应社会各界的邀请，他在该城中最大的体育馆，做一次告别职业生涯的演说。

在那天的体育馆内，人山人海、座无虚席，人们在热切地、

焦急地等待着，等待着这位最伟大的营销员发表精彩的演说。

人们有的猜想着推销大师的厚重的成功史、最有价值的推销术等等。当演讲台的大幕徐徐拉开时，舞台的正中央用一个高大的铁架吊着一个巨大的铁球。

不一会儿，营销大师在人们热烈的掌声中走了出来，他站在铁架的一边，人们惊奇地望着他，不知道他要做出什么举动。这时两位工作人员，抬着一个大铁锤，放在大师的面前。主持人这时对观众讲，请两位身体强壮的人到台上来。好多年轻人站起来，转眼间已有两名动作快的跑到台上。营销大师这时开口和他们讲规则，请他们用这个大铁锤，去敲打那个吊着的铁球，直到把它荡起来。

一个年轻人抢着拿起铁锤，拉开架势，抡起大锤，全力向那吊着的铁球砸去，一声震耳的响声，那吊球动也没动。他就用大铁锤接二连三地砸向吊球，很快他就气喘吁吁。

当然另一个人也不示弱，接过大铁锤把吊球打得叮当响，可是铁球仍旧纹丝不动。

台下渐渐地静了下来，观众在迷惑着，也正期待着什么。

这时，营销大师从上衣口袋里掏出一个小锤，然后认真面对那个巨大的铁球。他用小锤对着铁球“咚”敲了一下，然后停顿一下，再一次用小锤“咚”敲了一下。人们奇怪地看着，营销大师就那样“咚”敲一下，然后停顿一下，就这样一直持续地做着。

10分钟过去了，20分钟过去了……会场的人们已经没有足够的耐心看这一切，并已开始骚动起来，甚至有的人干脆叫骂起来，他们用各种声音和动作发泄着他们的不满。营销大师仍然一锤一停顿地工作着，好像什么也没有发生似的。于是，人们开始愤然离去，会场上出现了大块大块的空位子。留下来的人好像也喊累了，会场渐渐地又安静下来。

大概在营销大师进行到40分钟的时候，坐在前面的一个妇女突然尖叫一声：“球动了！”霎时间会场立即鸦雀无声，人们聚精会神地看着那个铁球。那球以很小的幅度摆动了起来，不仔细看很难察觉。营销大师仍旧一小锤一小锤地敲着，人们好像都听到了那小锤敲打吊球的声响。吊球在大师一锤一锤的敲打中越荡越高，它拉动着那个铁架子“哐哐”作响，它的巨

大威力强烈震撼着在场的每一个人。终于场上爆发出一阵阵热烈的掌声，在掌声中，营销大师转过身来，慢慢地把那把小锤揣进兜里。

这时，营销大师开口讲话了，他只说了一句话："在成功的道路上，你没有耐心去等待成功的到来，那么，你只好用一生的耐心去面对失败。"

营销大师有着厚重的人生阅历和推销生涯，他只是用他的方式让人们记住：成功没有神奇，既不像想象中的那样容易，也不像想象中的那样难。只要对于一件事你一直不断地重复做下去，拼搏努力不止，只要你像营销大师一样反复地"敲打"着你的"铁球"，并有足够的耐心做下去，同样，你也会把你人生的"球"荡起来的。"精诚所至，金石为开"，成功会给你一个满意的答案。

马克思说得好，真正创造世界的是广大劳苦大众。他们为了生活，为了填饱肚子，在穷困中挣扎，是真正有耐心，有那种吃苦耐劳的高尚品质，他们以惊人的毅力承受着生活的一切苦难，一次次地重复着自己的劳动。其实他们很伟大，他们重复着积累，重复着生活中会对他们而言所发生的质变，即他

们付出后的丰厚回报，苦尽甘来，否极泰来。他们是明天的富翁，明天的赢家。

有很多的人认为，成功对于他们来说，犹如珠穆朗玛峰那样高不可攀，认为其中的过程肯定会很痛苦、很无奈，为此，他们放弃了理想和追求。那么，这样是不是就很幸福了呢？肯定不是这样的，不成功才真得很难受，有时我们只需付出一时的艰苦努力，就可以换来一生的幸福。而很多人却不能忍受，于是他们用一时的安逸来换取一生的努力和艰难。像那些在贫困线上挣扎的人们，时常面对的是填饱肚子、挨冻这样有关生存的大事，难道他们的心里会轻松吗？而成功，其实并没有你想象得那么难，只要你不放弃追求，就像文中的营销大师，重复着你的追求，洒下你辛勤欢快的汗水，这时你就会发觉：原来我的生活是这般的有意义，心里的希望就会倍增，成功的日子离你也不再遥远。

那些致力于实现自身价值的人们，他们为了获得更好的生活质量，更高的地位和取得更大的成果。即他们有着明确的目标而向前努力奋斗着，他们其实早已解决了生活需要的基本问题，他们时刻想着自己的奋斗目标，坚强而又执着地重复着自己的劳动，苦苦地求索。正如海尔CEO张瑞敏说的那样，“什

么叫不简单，把一件小事重复地做好，就是不简单”。

你可以不想成功，你也可以破罐子破摔，但属于你的生活并不会因为这而变得愉快和轻松。而如果你勇于追逐成功，生活会格外地优待你。三百六十行，行行出状元。即使简单卑微的工作也要做好，熟能生巧，巧能出奇。只要达到一定的功力，你就是行业中的状元，你就是生活中的成功者。

要有成功构想

每个人都要构筑自己人生的梦想，构筑一幅希望之图，因为它能有效地促进自己建立信心达成目标。

被誉为“世界旅馆皇后”的纽约华尔道夫大饭店，位于纽约巴克塔尼大街，共有43层，拥有6个厨房，200名厨师，500位服务生，2000间客房，还有附属私家医院与位于地下室旁的私家铁路。它曾接待过世界上许多国家的国王、王子、皇后、政府首脑和百万富豪，堪称世界上最豪华、最著名的饭店。

早在1931年，希尔顿第一次在报刊上看到这座刚落成的大

饭店的照片时就为之倾倒。他把这张照片剪下来，在它下面写上“饭店中的佼佼者”几个字。当时他正处于极度困难的境地，但他始终将这张照片揣在皮包里或压在办公桌的玻璃板下。这是他梦寐以求的理想之物，他希望有一天也能够拥有这样的饭店。以后，希尔顿走到哪里，就把照片带到哪里。最先，照片被放在皮夹里，当他再度有了书桌后，又被放在玻璃板下。

经过前后18年的努力，希尔顿终于如愿以偿。在1949年10月12日那天，这家饭店终于归他所有了。

庆祝晚宴后，希尔顿站在华尔道夫饭店的天井里，仰望耸入云霄的大厦，沉浸于忘我的境地。抚今忆昔，他彻夜未眠，不知不觉地站到了天明。希尔顿后来提起这件事，总是感慨地说：“购买‘华尔道夫’，是我生命中的一个转折点。”

有很多成功者，他们之所以会取得成功，是因为他们心中不仅有实现目标的执着行动，而且在他们的脑海里面还有成功的情形，好像成功的图像一样。成功的图像给追求成功的人以形象化的、更具亲和力的感召。

石油大王洛克菲勒说过：“每个人都是他自己命运的设

计者和建筑师。对于现在的你，或许五年以后的事还是很遥远的，但可以想象一下，五年以后你会达到什么样的目标，把目前那个遥不可及的梦在脑中建立一幅成功的图像，并作为五年的奋斗目标去实现它，那么梦想还远吗？”

在工作过程中，如果做到全身心的投入，适当地给自己一些激励，精神状态就会改善，对待工作的热情也会高涨。你心目中成功的图像可以作为你最有效的激励。反过来说，如果你的目标就是糊口度日，每天按常规三点一线的生活着，没有激情，没有追求，自然对挣钱就提不起兴趣。试图找到一些乐趣，就可以调动你的积极性，为了更好地实现这个期望不懈努力。比如，预期一个与家人共同旅游的计划，或者预期购买一件心仪已久的物品，就能激发出你的能量。

遵从成功的模式和行动

美国哈佛大学的学者阿吉瑞斯说：“人们的行为未必总是与其所使用的理论及他们的心智模式相一致。有些人之所以不能成就大事，是因为他们没有遵从成功的心智模式，没有把行动的力量发挥出来。如果一个人遵从成功的心智模式，使行动规范化，这会使行动的效率大大提高，成功的机会会加大。”

在生活中，举手投足，皱眉眨眼能做到适时适度，都是在思想的正确驱动下完成的。如有人不经思考来实施自己的行为举止，他肯定是一个疯子或神经病。做一件事，达到一个目标，思想驱使的过程和举止相比，就是其过程长久一些罢了，

其道理是一样的。

一个行动或举措，所产生的结果一般情况下是要么成功，要么失败，成功的来临可使人的心理产生愉悦，对于做后面的事也是一个很好的促进。更多的人难以接受失败的结果，失败对于做后面的事也会有消极作用，但成功的心智模式是遵循生命的定律，相信一扇门关闭了，另一扇窗便会为你打开。成功的路上我们常会遇见的是关闭的门，所以我们应该积极寻找一道敞开的窗;可能幸运正在窗前向你招手。积极寻找就是“行动”，只有不停地从事有意义的行动，我们才能从挫折、不幸的境遇中解放出来。

意大利文艺复兴三杰之一的艺术家米开朗琪罗曾看着一块雕坏了的石头说：“这块石头中有一个天使，我必须把她释放出来。”成功的画家盯着画布说：“有一幅美丽的风景在画布里面，等待着我把它画出来。”成功的作家盯着稿纸说：“这些纸上有一本旷世名著，要等着我把它写出来。”有远见的企业家说：“我有很好的创业理念和理想，我一定会发展壮大，它等着我将它达成。”

这些不同领域的艺术家、画家、作家、企业家之所以这样说，是他们“胸中有丘壑”，思想与行动能合二为一。成功的

心智模式中的关键概念是，成功与失败的不同在于前者是不断地动手，后者是动口，却又抱怨别人不肯动手。很多人都知道哪些事该做，然而真正去做的人却不多。遵从成功的心智模式和行动是劈开成功之路缺一不可的两把利斧。

有人在孩童时就一直想学钢琴，但没有钢琴，也没有上过课、练过琴，他对此深感遗憾，决心长大后一定要找时间去学钢琴，但似乎没有时间。这件事让他很沮丧，当看到别人弹钢琴时，他认为总有一天他也可以享受弹钢琴的乐趣，但这一天总是那么遥远无期。然而面对这种遥远无期的仅是无奈，却不知只是知道哪些事该做仍是不够的，你还得拿出行动才是。赫胥黎说得好："人生伟业的建立，不在能知，乃在能行。"用心定下的目标，如果不付诸行动，成功在你的大脑中永远不能实现。

《圣经》上说："只是你们要行道，不要仅听道，自己哄自己。因为听道而不行道的，就像人对着镜子看自己本来的面目，看见，走后，随即忘了他的相貌如何。"要成功，就要不仅能认识这些教诲，更要去实践它，因为知道是一回事，去做又是另一回事。

在成功的心智模式中，如果已经准确定义了自己的目标，那么踏上征途的最佳时间是什么时候呢？现在——如果不是物

理意义上的，也是精神意义上的。特别是时效紧密联系在一起的事，我们一定要带着做事的无限激情和十足的征服欲望踏上人生目标的征程，而来不得丝毫的犹豫和徘徊，如果你抱着“等等，再等等”的心态，迟迟不肯起航的话，你就会在等待中消磨自己的期望，时间一长，那个目标将会成为你人生中永远不可触及的美梦。

不要犹豫，更不要等待，如果想做的事情是符合法律和道德规范的，既不会伤害别人，自己又不会有什么损失，那么何必顾虑那么多呢?成功的人让自己有良好的心智模式，在模式中他会及时地、大胆地循着自己的目标去做。

有些人总是有许许多多的梦想，实现梦想的企图心也很强，可就是一直都在原地踏步。他们总是不停地规划：下个月要去哪里，明年要做什么，但就是停留在计划阶段而已，一年、两年过去了，也不晓得要到何时才会实现。

要做自己的主宰者，对于自己来说，每天都可以是新的开始，你的机会就是要抓住现在，赶快付诸行动。这样，未来的物质世界要靠现在的精神去开创，所以要想改变物质世界，首先要改变精神世界，调整自己的心智模式，在成功的心智模式下行动定会事半功倍，成功的事业在向你招手。

近朱者赤，近墨者黑

俗话说，“近朱者赤，近墨者黑”，成功者自有成功者的道理，成功者自有可以学习的优点和长处，要想学习成功者，你必须想法接近成功者，最好能与成功者在一起。你必须这样，才能真正学到成功者的思维方式和行动经验。

战国时期的大学问家孟子，小的时候非常调皮，他的母亲为了让他接受良好的教育，在他身上花了好多的心血。

孟子的家住在墓地旁边，孟子就和邻居的小孩儿一起学着大人跪拜、哭号的样子，玩起办理丧事的游戏。这让孟母看到

了，就皱起眉头："不行！我不能让我的孩子住在这里了！"于是孟母就带着孟子搬到市集旁边去住。

住到了市集后，孟子又和邻居的小孩儿学起商人做生意的样子，一会儿鞠躬欢迎客人，一会儿招待客人，一会儿和客人讨价还价，表演得像极了！孟母知道了，又皱皱眉头："这个地方也不适合我的孩子居住！"

于是，他们又搬家了。这一次，他们搬到了学校附近。学校里的学生都比较规矩，有礼貌。后来，孟子也开始变得守秩序、懂礼貌、喜欢读书了。

这个时候，孟母很满意地点着头说："这才是我儿子应该住的地方呀！"

后来，大家就用"孟母三迁"来表示人应该要接近好的人、事、物，才能学习到好的习惯。也就是"近朱者赤，近墨者黑。"

有的人甚至鼓吹环境决定着一个人的前途命运。我们不相信环境决定论，但环境能够影响人却是毋庸置疑的。因此有人说，消极是毒药，常常与消极的人在一起会慢性中毒。有人说，情绪是会相互感染的，笑声会感染别人，哭泣也会传染他人。

据美国的一个权威调查揭示：一个人失败的原因，90%是由于自己的身边亲朋好友、伙伴、同事、熟人都是些失败和消极的人，正所谓“跟着好人学好人，跟着巫婆跳大神”，没有好的思想引导激励，没有好的方法来指导成功，走下坡路是必然的。因此，如果你想成功，很快地成功，那就走近成功人士，结交积极上进、有所成就的朋友，他们会在无形中对你产生重要影响。

俗话说“什么样的林，聚集什么样的鸟儿”。如果你常常接触什么样的人，你往往就会成为什么样的人。很多的人事主管经常考核求职者居住和生活的环境是怎么样的，常与什么样的人来往，并把它作为是否录用的重要标准之一，这也是有一定道理的。希望成功，就应该与成功者交朋友，不断地吸取成功者的人生经验。很多资料表明，成功者主要与成功者为伍，而失败者常常与失败者为伍。

很多事实证明，穷困者吸引穷困者，在那些经常打架斗殴的圈子里的人也都是常常惹是生非的人。往往只把眼前的小利益争得面红耳赤，甚至大打出手，而从不想着长远打算去改变命运。在小城市、在乡村里，一般很少有雄心壮志的能人，不是这些人天生愚笨，而是他们周围的人都是没有更多志向和梦

想的人，他们很少获得能人的启发。

因此，选择适当的朋友和伙伴显得尤为重要。在一个很糟糕的环境里是无法获得激动人心的启示的。“猪圈岂生千里马，花盆难育万年松”，营造一个良好的人际环境，对于成功有着至关重要的作用。

在很多学校里，都有许许多多的名人画像或他们的事迹介绍，目的就是要用他们的精神来激励学生。在美国印第安人的学堂，有不少印第安青年的毕业照片。在这些照片上，他们神采奕奕，气宇轩昂，才华横溢，一看就觉得他们能够做一番大事业，精神面貌与刚刚离开家时迥然不同。可是等他们回到自己部落中之后，大部分人又回到了原来的样子。这是因为他们失去了能够激励自己的环境，他们的潜能就这样被埋没了。

一个人生活的环境，对树立理想和取得成就有着重要的影响。周围的环境是愉快的还是痛苦的，是和谐的还是杂乱的，身边的人是经常激励还是经常斥责，时时刻刻都影响着一个人的前途。在一个人的一生中，无论在何种情形下，都应该让自己处在一个积极向上的环境之中，这样才能把自己的潜能充分地调动起来。因此，努力接近那些了解你、信任你、鼓励你的人，尽量地寻找一个积极向上的环境，对一个人的成功至关重要。

如果你选择与比你优秀的人在一起，当你出现不足或落败时，他们就会帮你检讨总结，为你加油助威，失败是暂时的，成功是最终的必然；当你成功时，他们会提醒你，重新给自己定位，人生的意义不仅在于超越别人，最重要的是要超越自己。

要尽量跟成功的人打交道，成功的人都是很容易与别人相处的人。如果你总是与顶尖人物在一起，你就容易学到更多更好的成功经验，从而培养出自己的成功特质。成功者都是普通的人，唯一的差别在于他们比普通的人多做了某些事情，于是他们成功了。

帮助成功者也是帮助自己

一般人认为帮助成功者，就是要牺牲自己的利益，结果成功者更强大富有，自己却没有得到什么，这无异于雪上加霜。其实帮助成功者成就事业，虽然帮助了成功者，但同时也使自己获得了宝贵的人生经验和各种阅历。

《海外文摘》有一篇文章，大意是这样的：

2000年，当瑞典皇家科学院诺贝尔奖委员会公布韩国前总统金大中荣获诺贝尔和平奖时，韩国举国上下处于一片欢腾之中。韩国的某财团也决定向金大中表示一下祝贺。

到底送什么东西给总统呢？送钱财物质显得俗气，而且还有行贿的嫌疑。最后他们决定：购买美国发展和完善民主制度的经验，把它作为厚礼，送给金大中先生。

后来，韩国某财团出巨资，把“美国发展和完善民主制度的经验”当作一项课题，交给了世界著名的剑桥大学纽纳姆学院。纽纳姆学院接受了这个课题之后，把美国的全部历史从头到尾翻了个遍。从美国刚开始建国时的民主思想，一直到现在较为完善的民主制度。最后他们发现美国民主制度思想来自于华盛顿一个儿时的经历：

据说，少年时代的华盛顿在自己家后院栽了一棵苹果树，一次，他的父亲发现了，对他说：“如果你想吃到苹果，你就必须把它栽在有阳光的地方，而且还要经常浇水、施肥。”在华盛顿的父亲刚想离开的时候，他又转回身来，对小华盛顿说道：“如果你帮助别人，能使别人得到他想要的，那么，你就能得到你想要的。”虽然当时的他还不能彻底理解这句话的含义，但他把这句富有人性的话牢牢记在了心里。

就是那一句“如果你帮助别人，能使别人得到他想要的，

那么，你就能得到你想要的”，改变了华盛顿的一生。纽纳姆学院还引经据典，说华盛顿在1787年费城立宪大会上，曾反复地说过他父亲对他说过的那句关爱人性的话。这句话催生了美国的民主制度，这句话也是美国民主制度发展和完善经验的精华所在。

韩国某财团对剑桥大学的研究结论很满意，向剑桥大学纽纳姆学院支付了200万美元，买下了这句“如果你帮助别人，能使别人得到他想要的，那么，你就能得到你想要的”。

韩国民众知道这一消息后反响强烈，此举得到了很多著名人士的高度赞扬。他们一致认为，用200万美元买来的那句话花得值，它不只是送给金大中的礼物，还将会对韩国民主制度有一个有力的促进。

拿破仑·希尔在成功之前，曾利用20年的时间帮助钢铁大王卡内基工作，这期间他一分钱的报酬也没要，在帮助卡内基的同时，也帮助了他自己——他本人在成功学研究上也获得了巨大的成功。台湾成功学大师陈安之在成功之前，也长期在美国帮助世界成功学大师安东尼工作，在帮助安东尼的同时，他

也得到了成功学的真传，最后终于获得巨大成功。

“帮助别人，成就自己”，是一个放之四海而皆准的成功准则。

对于营业员来说，诚心地帮助客户，客户就会对你好。你想让客户记住你，你就先记住客户；你想让客户想着你，你就先想着客户；你想让客户帮助你，你就先帮助客户；你想让客户更多地销售你的产品，你就支持客户卖出更多的产品、赚更多的钱。

成功营销员的一条重要经验就是：请客户吃十顿饭，不如为客户做一件实事。即使是著名公司的营销员，也不只是靠品牌的影响力卖产品，他们也是通过为客户提供实实在在的服务来培养客户的忠诚度。

营销员热情地帮助客户，当客户把你视为自己人，看成是做生意离不开的左膀右臂和赚钱的好帮手时，你就成功了。

其实，作为个体的我们，在帮老板工作的同时，获得了养家的金钱，还因为老板提供的工作平台，帮自己实现了人生价值。如此双赢的关系，岂不美哉！

行动不必万事俱备

拿破仑·希尔说：“事情不要等到万事俱备以后才去做，世上永远没有绝对完美的事。你如果要等所有条件都具备以后才去做，只能永远等待下去。”

从前，有两个和尚，一个穷和尚，一个富和尚。有一天，穷和尚对富和尚说：

“我打算去一趟南海，你有什么高见呢？”富和尚听了，嘴角一撇，脸上顿时充满不屑的表情。

“这有什么不妥吗？”穷和尚有些疑问地说。

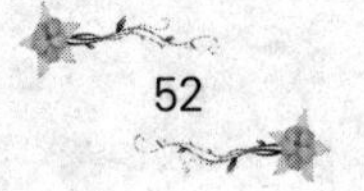

“像你这样的穷和尚，也想去南海？恐怕是在做梦吧。那你打算怎么去南海呢？”富和尚问。

“我只用一个水壶、一个饭钵就足够了。”穷和尚说。

“从这里到南海的路程有几千里，而且路上的坎坷多，这不是你想说去就能去得了的。为了此事，我已经准备几年了，我要准备齐全之后再动身，我还需要一些工具、一条船等等。你就只凭一个水壶、一个饭钵怎么可能去呢？真是痴人说梦！”富和尚嘲笑着说。

穷和尚不再和富和尚争执，第二天就踏上了去南海的路，一路上尝尽种种艰难困苦，一次次饿晕在路旁，每当他精神恢复好时，就义无反顾地继续踏上去南海的路。穷和尚辛苦跋涉了一年，终于到了他梦想中的南海。

两年后，穷和尚从南海归来，还是带着一个水壶、一个饭钵。穷和尚由于在南海学习了很多经传，回到寺院后，已经变成一个德高望重的和尚了。而那个富和尚还在为去南海做着各种准备呢。

两个和尚都有去南海的理想，可是穷和尚迅速地付诸行

动，并取得了成功；而富和尚却长期停留在准备阶段，迟迟没有采取行动，所以也就一直没有实现心中的梦想。

做一件事，无论你有多么周详的计划，总会有成功或失败的可能，只是二者所占的百分比不一样。做事会有时空的跨度，计划有时赶不上变化，这样在事前就难以准备得十分周详。要知道事情在没成功之前不要过多地考虑失败的可能，过多地去考虑它，即使是一点点失败的可能，也会使你做事时优柔寡断，更会抑制你做事时的热情才智。所以看看成功的人，我们得出这样一个结论：冒险的人不一定会成功，但成功的人一定是一个善于冒险的人。有一定的把握就行动，过于追求完美等于是在放纵机会。我们应该相信成功者也仅仅能把握一半，因为一个大房子的门窗，有为你打开也有为你关闭的。

有一个叫保罗·迪克的小伙子，他从祖父那里继承了一座美丽的“森林庄园”，庄园里布满了高大挺拔而且郁郁葱葱的树木，显而易见，这是一座价值不菲的大庄园。突然有一天，狂风大作、雷电交加，雷电引发的山火把这座美丽的庄园瞬间化为灰烬。保罗·迪克望着焦黑而光秃的庄园，心里难过极了，他想再恢复庄园往日的生机，决心耗尽所有来修复庄园。

他先向银行求助，几家银行没有贷给他一分钱。然后，他再向亲友寻求帮助，但仍然没有收获……

所有能试的方法都试过了，保罗全都失败了，他既失望又难过，知道自己以后再也看不到美丽的庄园了。他为此郁郁寡欢，变得越来越消瘦，一个月的时光转眼而过，年逾七旬的老祖母意味深长地劝解他说："小伙子，庄园成了废墟并不可怕，可怕的是你的眼睛失去了光泽，一天天地老去。一双失神老去的眼睛，怎么能见到光明呢？"

经过老祖母的劝说，保罗决定外出寻找机会。一天，他来到一个陌生的大街，看见在一家店铺前围了大量的人，于是他走过去看个究竟，原来是人们在排队购买木炭。那一块块的木炭令保罗的眼睛一亮，他似乎看到了希望。

在后来的十多天里，保罗雇了几名烧炭工，将庄园里的那些被烧得焦黑的树木加工成优质的木炭，装到箱里，然后一箱箱地拉往木炭交易店里。很快，保罗的木炭被消费者一抢而光，一大笔的收入装进了保罗的口袋。

保罗又用这笔钱买了一大批树苗栽满了庄园，很快地，一

个新的庄园形成了，几年以后，彻底恢复了以往“森林庄园”的生机。

一个人做事情有时不必等到做好一切准备再去行事。保罗·迪克在失去“森林庄园”后，在外祖母的劝说下，没有等待，也没有做什么充分的准备，先是向银行借款，遭到拒绝后，又发现了经销木炭的生意，变废为宝，最后他的“森林庄园”再一次生意盎然起来。

如果上苍给你关上所有的门，它就会给你打开一扇窗，并且在窗外留有最美的风景。对失意者来说，当他擦亮自己的双眼后，生活的道路便重新展现在他的面前。所以，你要善于找到上帝给你打开的那扇窗，而不必等到所谓的一切条件成熟后再做奋斗。

第三章

准成功者的姿态

只有志在成功才能成功

拿破仑说："我成功，是因为我志在成功！"

美国总统里根曾经是一个演员，很早他就下定了决心要当上美国总统。由于里根的青年时代一直都是在做演员，对于政治可以说还是个门外汉，这成了他进入政界的最大障碍。

共和党保守派怂恿他竞选州长时，他毅然答应了，准备要在政治上开创新的事业领域。

同样，不是每一个拥有坚定决心的人都会成功，它同时还需要脚踏实地的努力，里根后来之所以能够成为美国总统，与他做演员的优势是密不可分的，以下两件事情使他更加坚定了

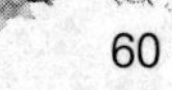

信心，相信自己有能力成为有所作为的国家领导人。

以前，里根曾经受聘于通用公司，广泛接触过社会各界人士，掌握了大量的社会经济和政坛情况。了解的这些情况成了他后来竞选总统不可或缺的重要信息；另一件事情是他加入共和党后，发表了一篇题为《可供选择的时代》的演讲，精彩的演讲使他大获成功，也使他赢得了不少选民。

与此同时，里根的一位多年好友（也是一名演员）凭借自身魅力也战胜老牌的政治对手而当上了加州议员，这更加坚定了里根涉足政坛的信念，后来的结果也的确如此，里根获得了成功。

里根总统的经历让我们感受到志向的力量是无比强大的，只要你有远大的志向，坚信自己能够成功，那你就一定能够成功！

这同“有志者事竟成”的道理是一样的。有了想要成功的决心，就等于你已经成功了一半，而且这种想法就会时刻激励着你不断地去努力去奋斗，以使自己离成功目标近些、再近些……直至成功。

成功的程度取决于你抱有怎样的决心和信念。心存疑惑，没有足够的自信，就会失败；如果相信自己能胜利，把全部的精力投入进去，最后你必定成功。愚公相信子子孙孙的奋斗定

能把大山移走，对成功抱有坚定的信念，最终取得成功。还没有开始做就认为自己做不到的人，一辈子都将一事无成。

学会低头弯腰

中国伟大的文学家、革命家鲁迅说：“尼采说他是太阳，光热无穷，所以他疯了。” 学会低头是一种明智和大度，不会因一时取得的成绩而沾沾自喜，而是还常常感到不足，于是带着一种谦逊的态度去请教于别人以增加自己的成功砝码。有一些人刚刚取得一点儿成绩就会目空一切，整天看着自己头上的光环，却忘了继续看好脚下的路。

一次，有人问大哲学家苏格拉底：“你是天底下最有学问的人，那么请你告诉我，天与地之间的高度到底是多少？”

“三尺。”苏格拉底微笑着答道。

“三尺！胡说，我们每个人都有四五尺高，天与地之间的高度只有三尺，那人还不把天地戳出许多窟窿？”

“因此凡是高度越过三尺的人，要能够长久立足于天地之间，就要懂得低头呀！”苏格拉底仍微笑着说。

苏格拉底深知人生的真谛：懂得低头。我国有民间谚语曰：“低头的是稻穗，昂头的是稗子。”去看看生长在稻田里的稻子，越成熟饱满的稻穗，头垂的越低；只有那些果实空空如也的稗子，才会显得招摇，始终把头抬得很高。

有一个青年总以为自己比别人高出一筹，他的心中充满了向往。几年的时光一闪而过，他梦想的东西，都没有得到。于是他变得愤闷起来，心中的不平时时牵拉着他那根失望而脆弱的神经，这使他对工作丝毫提不起兴趣。

有一天，这位青年来到了海边，他看着一位老渔民悠然自得地打着鱼，心中很羡慕老渔民的那份坦然，于是就问老人：“你每天肯定得打很多的鱼吧？”老人回过头来说：“孩子，

打多少鱼不是最重要的，关键的是不要空着手回家就行了。每天打一点吃的，就心满意足了。”

青年人似乎明白了什么，他突然想知道老人对大海的体会，于是他说：“海是多么伟大啊！养育了万物生灵。”老渔民反问道：“年轻人，你知道海为什么那么伟大吗？”青年久久深思，没有贸然回答。老渔民接着说：“大海之所以伟大，之所以能容纳这么多的水，关键的原因是它把自己的位置放得最低。”

年轻人听了恍然大悟，从此开始脚踏实地，把握现在，努力工作。后来，他果然取得了他想要的成就。

就连能够纳百川的大海也能低头，何况我们这些微不足道的人呢。

雷墨曾经说过“低头是需要勇气的”。的确，否则又怎会有明知是输依然执迷不悟的赌徒呢？看看身边，因为缺乏这种勇气而酿成大错的世人不胜枚举。

在人生道路上，我们常常因一味追求某种成功而迷失了方向，以“不屈不挠，百折不回”的精神坚持到底，结果输掉了

自己。所以用平和的心态，学会低头，这恐怕应该是最基本的生活常识吧。

低头弯腰不是妥协，而是战胜困难的一种理智的忍让。低头弯腰不是倒下，而是为了更好、更坚定地站立。低头弯腰不是毁灭，而是为了退一步海阔天空；是为了那张能笑到最后的灿烂的脸。学会低头弯腰，也就拥有了对抗厄运的快乐态度。学会弯腰，也就学会了用美的态度面对人生的苦难。学会低头弯腰，也就学会了用更高的智慧去看清人世的沧桑。所以，低头弯腰其实就是一门人生的艺术。

美国前总统富兰克林，中学时曾去拜访一位前辈。那时他年轻气盛，挺胸抬头迈着大步，一进门，他的头就狠狠地撞在了门框上，疼得他一边不住地用手揉搓，一边看着比他身高低许多的门。出来迎接他的前辈看到他这副样子，笑笑说：“很痛吧！可是，这将是你今天来访问我的最大收获，一个人要想平安无事地活在世上，就需时时刻刻记住低头。”

富兰克林把这次拜访得到的教训看成是最大的收获，并把它列在一生的生活准则之中。

当今世界竞争日趋激烈，要立足社会，不但要练就过硬的本领，还要有雪松一样的韧劲，对于外界的压力要尽可能地去承受；实在承受不了的时候，学会弯曲一下，该退的时候退一下，该让的时候让一下。“退一步海阔天空”，退是为了更好地进，是生存的策略。人生毕竟是一门复杂的艺术，不可能一帆风顺，永远都是一往无前。坚信风雪过后一定是灿烂的、阳光明媚的春天，这样就不会被压垮0。

坚持只要最好的

英国著名作家毛姆说：“人生实在太奇妙了，如果你坚持只要最好的，往往都能如愿。”

克尔在一家有名的报社当记者，他做得相当成功。但他认为做记者不能彻底地展现自己的人生价值，他向往更有挑战性的工作，认为广告业务才能更好地展现自己的价值。

于是，他辞去人们都认为很有前途的记者工作，在亲友诧异的目光中，他毅然来到了另一家报社，做了一名普通的广告业务员。他对自己信心十足，主动提出不领报社的薪水，只按

自己的业绩来获得提成佣金，广告经理非常乐意地答应了他的要求。

他在广告部的第一件事情，就是向经理要了一份客户名单，但这些客户并非是他真正的客户，那只是一些在当地很有实力的企业。此前，报社的业务员去过这些公司，都一无所获，时间一长，业务员认为这些公司根本不可能和他们合作。但拿到名单的克尔却不这样想。他决定去一一拜访他们，每次拜访前，克尔总是单独地站在一个大镜子前面，把客户名称和负责人的名字反复默念，直到牢牢记住。然后以肯定的语气对自己说："一个月之内，我们将会有一笔大交易。"

他把自己坚定的信心化作源源不断的和客户谈判的动力，第一天，他就把三个被其他业务员认为根本不可能会合作的客户拉了过来，顺利地和他们签了约；到了星期五，又有两个客户有了合作的意向；一个月过后，只剩下最后一家"钉子"客户没有搞定。

第二个月里，克尔在拜访新客户的同时，始终没有放弃对那个"钉子"客户的攻心。每天早晨，那家"钉子"客户的

门一开，他就进去请这个商人谈广告意向，每次商人都冷淡地说："不！"可是克尔并不在意他的冷淡态度，只是持续着他的努力，每次去的时候，他都像争取新客户那样热情有礼。

第二个月的时光又一闪而过，持续两个月对克尔拒绝的那家"钉子"客户有时也和他交流一些心得："你已经在我这里耗费整整两个月的时间，没有从我这里得到任何好处，我想知道，是什么力量驱使你这样做？"

克尔回答说："我不是故意来你这里消磨时间，而是到这里向你来学习的，你是我的老师，从你这里，我学会了什么叫坚持，实际上，我们都在坚持。"那位商人对克尔的话深表赞同，说："其实我也不得不承认，我也在向你学习，你也是我的老师。我们都学会了坚持，对我来说，这是金钱所不能买到的宝贵东西。为了表示我的感激，我决定买你的一个广告版面，算是我付给你的学费。当然不是我放弃了坚持。"

在商人彬彬有礼的退让下，克尔的最后一个"钉子"客户被攻克了。当把这份全部攻克的客户名单归还给经理时，经理对这位表现卓越的广告业务员大加称赞，说："对你来说，你

不应该继续做一个业务员，所以，我向报社领导建议，为你重新组建一个广告部。”

第三个月的第一天，以克尔为经理的广告二部成立了，30多个员工成了克尔的下属。在这里，克尔找到了一个最适合自己发展的全新空间。

起先，克尔本来是一个不错的新闻记者，他寻找到了一个更有挑战性的工作，做了一个更能体现自己人生价值的业务员，最后凭着自己的坚持和努力，获得了成功，找到了一个最适合自己发展的空间。

如果你坚持要最好的，你会留心观察一流的事物，模仿一流的表现，探询一流的解决方法。你将如愿得到最好的。

比对手提前五分钟抢占制高点

拿破仑说："要比对手提前五分钟抢占制高点。"做任何事情都有时机问题，太早了时机不成熟，太迟了则丧失了机会。

中国最大的电脑公司——联想集团的创始人柳传志先生在重大战略决策的考虑和制定上，总是能比别人大胆一点，快速一点，当机立断，体现着企业管理者决策的大智慧。

联想集团20年的发展历程中，在取得不可思议的成绩背后，可以说，柳传志的商业战略对于联想的发展起着举足轻重的作用。因为在商业策略方面，柳传志的思想总能比别人"快

半拍”，这是联想集团较其他同类企业占有的优势之一。

在利用科研成果方面，他能够快速地把研究成果和市场对接，转化为生产力；为了联想的国际化发展战略，创造联想生存的最佳发展环境，在中国市场体制还不健全的时候，他以迅速的行动，率先在香港成立公司；香港联想上市后又使得柳传志比同行业的国内企业抢先一步，掌握了在资本上的主动权，远远拉大了和国内竞争对手的距离；当柳传志发现国有企业开始出现改制的苗头之后，他抢先搭上了改制的第一班车，完美地解决了产权问题；最后又在IBM急于出售个人电脑事业部的时候，借助收购完成“大联想”的布局。所以，柳传志在商业战略上比别人快半拍的战术运用得非常成功。

只争朝夕，总要比别人快半拍。对于微软、IBM、英特尔这些历史悠久、实力雄厚的大牌企业，柳传志说：“我们心里希望联想的发展是领跑的，最起码不要老落在这些企业的后面。”

2004年，“国际化”已成为中国商界最时髦的词汇之一，且不乏海尔、华为和TCL这样的大胆试水者，但联想的行动也是急速超前的，收购IBM的大手笔还是使其一跃登上过去20年

来中国企业在海外破冰之旅的最巅峰：此前，尚未有过一家中国企业吞下比自己更大、更加成熟的西方标志性企业的资产，这让中国企业在海外的扩张增添了更多的志气和豪气。

伴随这一大手笔而来的是一家PC年销售量1400万台、年销售收入约130亿美元的全球第三大个人电脑企业——新联想的诞生，这足以让中国的IT企业扬眉吐气了。

柳传志因为总能比别人快半拍而抢得了事业发展的先机，联想经过20多年的发展，正式成为一家拥有1.9万名员工、七大全球研发中心、四大PC生产基地、销售网络遍布160多个国家和地区的国际化企业。

在商战中，或许你提前了半个小时，但正因为半个小时的商机，那一大笔生意就是你的了，正是这一笔生意使你的企业起死回生，从而增加了企业竞争的砝码；或者使你的企业扩大再生产有了雄厚的资本铺垫，使你的企业在竞争中所向披靡。同样又因为你迟到了半个小时，商机属于了别人，结果使处于低谷期的企业从此一蹶不振，也或者使你的企业从此开始走下坡路。

在这方面，已故的爱国人士、社会活动家霍英东先生，在香

港地产界就是一个比对手提前“五分钟”的人。1954年，霍英东认准房地产会有大的发展，于是他果断地投资120万元买下一座大厦，开始了做地产生意的生涯，并靠地产业迅速发家。当时霍英东转入地产业的时间比李嘉诚早四年，比包玉刚早一年。

俗话说，兵贵神速。而对于我们来说，处理事情在于提高效率，而并非靠长时间的重复劳动取得机会。

细节决定成败

美国著名管理学家吉姆·柯林斯曾经说过："不愿做平凡的小事，就做不出大事，大事往往是从一点一滴的小事做起来的。所以，在细节处多下功夫吧！"

三国时期，蜀国丞相诸葛亮觉得张飞太过鲁莽，决定培养他小中见大，注重细节，做事谨慎，凡事能做到三思而后行。于是派他到某地任县令，临走送他八个字"察颜观色，三思而行"。

上任期间，有一个老头儿蹲在西瓜田里偷吃西瓜，恰巧碰到品性不良的公子，正调戏一位怀抱婴儿要探望家母的年轻妇

人，于是老头儿上前阻止。未料在威逼利诱之下，公堂上老头儿做了伪证，反告妇女偷了公子的三个西瓜。

刚巧，就任县令的张飞来这里巡查，于是审理了这个案子。当张飞了解了事情的经过后，在细察密探之下，认为少妇无罪，为了把公子的诡计彻底揭发出来，还给妇女一个清白，于是将计就计，说："带赃物三个西瓜上堂！"张飞把耳朵贴在西瓜上问："他们二人谁说得对？""好，少妇无罪！"

于是便对公子大喊："哇呀呀！你这个大胆的刁民！你同时抱着一个孩子，再抱着三个大西瓜给我看看！快给我把他拿下！"

此案判得让百姓心服口服，张飞也因此赢得了老百姓的信任和拥戴。难道西瓜真的会说话吗？原来，起先张飞看到了少妇怀里的孩子，又看看地上的三个西瓜。他抓住了这样一个细节：一个人绝对不可能做到抱着一个孩子，同时再抱三个西瓜。

我们一定要把细节重视起来，因为往往会由于一个很小的错误而导致全局的失败。在工作中，注重细节，常会带给你一些意外的发现和收获。它可以使你更进一步地认识事物，明晰事物的原理，会更加有效地提高工作绩效，从而赢得上司的好

感，以获得升职加薪的机会。

那些在工作中出类拔萃的人都有自己切身的体会，他们认为工作细节中常会蕴藏着一些不被别人发现的契机，如果你在没有人填补的空白领域有所发现的话，你就一定会以小的细节作为走向大发现的突破口，改变一些常规陋习，使工作得到实质性的飞跃。

俗话说，“天下大事，必作于细；天下之事，必成于易。”一个不注重细节的人，往往会是一个眼高手低的庸碌之辈，无论从事什么也不可能有作为，只会因此陷入无知和牢骚中。而一个关注细节的人，早期可能没有什么惊人的成就，但随着对细节的深入重视，他的事业往往会蒸蒸日上。

犹太人认为，应该重视细节同整体、同大事、同战略决策的关系。不要只是一味地认为小事微不足道，我们要看到种种大事都是由于细节的存在而存在的。因为任何整体都是由具体的部分构成的，它们无一不是建立在细节之上的。

为什么一些老企业身经百年也常葆辉煌，而有的企业有如昙花一现，三五年就终结了，最根本的原因在于他们对待产品和服务的细节不同造成的。有经验有能力的管理者都认为细节往往决定着管理是否真正到位。在微观运营方面有缺陷的企业

往往不会长久，更谈不上基业常青了。试想一下，一个在微观运营方面存在缺陷的企业会漏洞百出，会人为地造成产品质量下降，甚至还会出现其他弊端。只有注意细节了，才能获得持续发展动力，使企业不断壮大。

细节对企业而言如此重要。同样，对于一个员工来讲也是至关重要的，一个注重细节的员工，一定有着严谨认真的工作态度。而那些对细节视而不见，或者对细节认为无足轻重的人，他们缺乏认真工作的态度，认为做事情是为公司做的事情，何必太认真，所以工作中马马虎虎、虎头蛇尾、敷衍了事，这种人永远不会享受到工作的乐趣，工作对于他们来说，是一项备受折磨的苦役。在工作中缺乏热情，永远只能由别人来管理自己，而且自己还是企业事故和麻烦的制造者，永远不会在企业中有所发展。所以唯有把工作做细，找到工作兴趣之所在，才能不断深入地认识和提高工作，最后走上成功就是自然而然的事情。

许多企业管理者都认为有很多的员工与其说他们是怀才不遇，不如说他们做工作拈轻怕重，对企业毫无责任感，工作中好高骛远、粗枝大叶，不屑从小事做起。结果忽视了细节，铸成了工作中的大事故。那些有所成就的员工经常会对工作中的

细枝末节认真参悟，绝不想当然。他们往往会牢牢抓住这稍纵即逝的机会。谁在生活中抓住了细节，谁就有可能拥有成功的人生。

关注和把握细节是人的一种素质，更是人的一种必备的能力。我们如果能在细节中发现新的思路，新的解决问题的办法，开拓出一条别人所没有走过的路，则更能体现一个人的创新意识和创造思维能力。所以要从以下方面养成注重细节的好习惯：

1.上班时间不要做私事和闲聊

不论是什么私人事情，都不要在上班的时间做，绝对不要用公司的设备来干私人的事情。否则的话，不仅分散自己的注意力，降低工作效率，而且对于别人也会有同样的影响。它的直接后果将会导致工作不能如期完成。

2.工作期间最好把手机调到静音或振动上

上班期间，不要随便接听私人电话，手机发出的声音会导致同事或上司的不快，而别人的不快又会影响到你的工作情绪，这样也降低工作效率，工作任务也将不能如期完成。

3.保持工作场所的整洁和有序

善于保持一个整洁而有序的工作环境，可以给人带来一个好

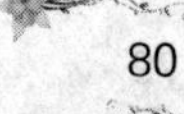

心情，而一个杂乱无章的环境则会给人混乱毫无头绪的感觉，工作容易感到疲劳，无形中加重工作负担，降低工作热情。

4.别随意请假

有的人认为请假是小事，反正和上司打过招呼了，把请假视作理所当然的事情。于是常会找一些借口请假，比如，感冒、家中有事、孩子生病……这样，上司表面上不会说什么，但从内心里面会感到反感，还会影响工作节奏和进度。

5.下班后不要急着回家

有的人在下班的时间还没有到，就提前把包收拾好了，只等时间一到，立马走人。其实，这样做工作挺被动，不利于自己的进步和提高。当到了下班的时候，应当静下心来，对一天的工作成果来一个小结，并准备一下第二天的工作计划，使工作有序或提前完成。

营造出自己的影响力

一个人要想成功，就一定要注意培养自己对周围的影响力。这种影响力是人格魅力的体现，在你所在的那个群体中，它能使你处在一个核心的位置。当然影响力是和能力直接挂钩的，充分发挥自己的优势和特长，学会避开自己的劣势，如果可以的话，努力弥补自己的不足。

拿破仑在亲率大军作战的时候，同样的一支军队，它的战斗力便会增强一倍。它的根本在于，士兵的战斗力来源于对统帅的指挥作战能力的欣赏所表现出来的信心，即统帅影响力

的大小。如果有人对统帅抱着怀疑的态度，全军也就没有主心骨，便要混乱。而拿破仑的自信坚强以及超强的人格魅力，感染并激励着他的每一个士兵，使他统率的每个士兵都充满着自信与斗志，从而增强了战斗力。

有一次，一个士兵骑马给拿破仑送信，由于马跑的速度太快，在到达目的地之前猛跌了一跤，那马就此一命呜呼。拿破仑接到信后，立刻写了封回信交给那个士兵，吩咐士兵骑自己的马，火速把回信送去。那个士兵看到那匹强壮的骏马，身上装饰得无比华丽，便对拿破仑说："不，将军，我这样一个平庸的士兵，实在不配骑这匹华美强壮的骏马。"

拿破仑回答道："世上没有一样东西，是法兰西士兵所不配享有的。"

世界上到处都有像这个法国士兵一样的人，他们以为自己的地位太低微，别人所拥有的种种幸福，是不属于他们的，以为他们是不配享有的，以为他们是不能与那些伟大人物相提并论的。这种自卑自贱的观念，往往又成为不求上进、自甘堕落的主要原因。一个有影响力的人，待人热情、有着超人的灵

感、在困难面前有克服的勇气、有着非凡的创造力和想象力，他会使这些凡人归顺或附傍在自己周围而使自身的价值得到体现。如果有很多人都对你充分地信任甚至依赖，有着这样的影响力，你也就离成功不远了。

成功者具有影响力，具有影响力的人通常也是成功者，二者相辅相成。纵观古今中外，在很多故事中都能看出营造影响力是成功的序幕。狐假虎威，是狐狸借了老虎的影响力使自己得到保全；陈胜、吴广先鱼腹藏书，后又阑夜狐叫，以此来营造自己的影响力，从而举起反抗暴秦的大旗而千古流芳；曹操“挟天子以令诸侯”，刘备总是宣称自己是皇室正宗，他们以此来营造自己的影响力使其各有拥护，而使天下三分。陈胜和吴广两个人都曾是无名小卒，在小范围中，不否认他们有个人魅力，但要拜相封侯甚至得天下，其影响力还是远远不够，通过其他的人或事来加强扩大自己的影响力，再加上自己的努力，日后取得成就也就指日可待了。

这些是用“假借法”来营造出自己的影响力，还有的用实干来扩大自己的影响力。唐初的李世民，先拆洛阳宫还木于民来收买人心，更为建唐立下功勋。这样利用做实事营造出在民众中的影响力，使他能灭太子、诛齐王后坐上皇帝宝座，为中

国历史留下“贞观之治”这一绚丽的篇章。

在芸芸众生中，很多人早就具备有超强影响力的潜质，由于不会推销自己而显得平庸，或者是生平郁郁不得志。要学会宣扬自己的观点使人产生共鸣并被人普遍接受，用推销的方式来营造自己的影响力。就像西方的竞选演说，它会使人脱颖而出从而到达成功的彼岸。

一个人要想获得立足和发展，就必须营造出自己的影响力。但是一个人的影响力如何扩大呢？首先必须在一个小圈子里多多地表现自己，让大家了解你，你可以展现你优势的一面，比如文艺、学识、才能等；其次你也必须要做一些可以让人信服的事，要敢于承担责任，要有所谓的“老大”气质，当然也不能风头太盛，讨人嫌。

慢慢地扎下根之后，就要把势力范围扩展到外部，这就是考验你的真正能力的时候了，你必须应付全方位的检验，如果你有一项事情做的不尽如人意，那你就要做好被批评或者被弹劾的准备了……

第四章

把苦难当作人生的财富

不要为“打翻的牛奶”而哭泣

为了过去的得失而懊悔，为了“打翻的牛奶”而哭泣、内疚、悔恨，无疑是浪费你的时间和情感。时光一去不复返，无论你怎样的内疚、悔恨，已经发生的事是无法挽回的。所以，当你“打翻牛奶”的时候，不要哭泣，不要后悔自责，要迅速调整好自己的心态，坦然面对发生的一切，这才是最重要的。

20世纪90年代，有一位泰国企业家玩腻了股票，他转而炒房地产，把自己所有的积蓄和从银行贷到的大笔资金投了进去，在曼谷市郊盖了15幢配有高尔夫球场的豪华别墅。但时运

不济，他的别墅刚刚盖好，亚洲金融风暴出现了，他的别墅卖不出去，贷款还不起，这位企业家只能眼睁睁地看着别墅被银行没收，连自己住的房子也被拿去抵押，此外，还欠了相当大一笔债务。

这位企业家的情绪一时低落到了极点，他怎么也没想到对做生意一向轻车熟路的自己会陷入这种困境。

他决定重新白手起家，他的太太是做三明治的能手，她建议丈夫去街上叫卖三明治，企业家经过一番思索答应了。从此曼谷的街头就多了一个头戴小白帽、胸前挂着售货箱的小贩。

昔日亿万富翁沿街卖三明治的消息不胫而走，买三明治的人骤然增多，有的顾客出于好奇，有的出于同情。许多人吃了这位企业家的三明治后，为这种三明治的独特口味所吸引，经常买企业家的三明治，于是回头客不断增多。这位泰国企业家的三明治生意越做越大，他慢慢地走出了人生的低谷。

他的名字叫施利华，几年来，他以自己不屈的奋斗精神赢得了人们的尊重。在1998年泰国《民族报》评选的“泰国十大杰出企业家”中，他名列榜首。

作为一个曾经有着辉煌经历的企业家，施利华引起人们的关注是很自然的事情；特别是在他发达的时候，平常人即使想见他一面，或许需要反复预约。上街卖三明治不是一件怎样惊天动地的大事，但对于过惯了发号施令的施利华，需要极大的勇气。

人的一生总会遇到数不清的屏障，这些屏障一些是别人放的，它们不会以我们自己的意志为转移；而有一些是自己放的，比如面子和身份等，它们完全可以由我们自己来调节。生活最后还是成就了施利华，它颠覆了一个房地产商人，却培养出了一个三明治老板，让他的生活开始了新的成功。

莎士比亚认为，聪明的人永远不会坐在那里为他们的损失而悲伤，却会很高兴地去找出办法来弥补他们的创伤。在人生之中，谁都要面对无数的变化和危机，这是人生常事。

很多人看过畅销书《谁动了我的奶酪》，一旦当你拥有的“奶酪”变质或消失时，你能否像“嗅嗅”和“匆匆”一样坦然面对呢？相信不少人是属于那两个小矮人类型的，他们会一度陷入变化带来的恐惧、忧伤之中，或者有人能像“唧唧”那样最终战胜消极心态，走出痛苦和黑暗，迎接新的黎明。但也有人就如“哼哼”那样永远地处于悔恨、失望的泥沼中，不能

自拔。

只要我们掌握了以下方法，我们就可以从头再来：

（1）不要怨天尤人，从自己身上找原因。

（2）分析失败的过程和原因。

（3）把失败的记忆埋藏心里。

（4）想象自己成功的图景。

（5）构思下一步行动计划。

（6）重新行动。

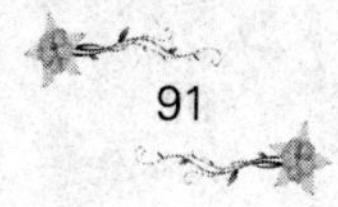

坦然地迎接失败

拿破仑·希尔说："把失败转变为成功，往往只需要一个想法，紧跟一个行动。"

1979年，台湾著名作家柏杨因为"美丽岛事件"被捕入狱，五年以后才被释放。五年的牢狱生活彻底地改变了他，把他从一个"火曝浪子"改变成为"谦谦君子"，他再也不像过去那样尖锐、激进，而是变得理性、温和。就连周围的人都感到惊奇："现在的柏杨很有同情心，也知道替别人留余地，不像从前，总是那么火辣辣的。"

柏杨说：我也曾经怨过、恨过。回忆那段日子，我经常睡不着觉，半夜醒来时发现自己竟然恨得咬牙切齿，如此，前后大约持续了一年。后来，我意识到不能这样继续下去，否则，我不是闷死，就是被自己折磨死。

然后，他坦然地面对一切，开始大量阅读历史书籍，光是《资治通鉴》前后就读了三遍。这些书籍给了他宝贵的精神食粮，从这些书籍中领悟到：历史是一条长河，个人只不过是非常渺小的一点。他了解到一件事：生命的本质原本就是苦多于乐，每个人都在成功、失败、欢乐、忧伤中反反复复，只要心中常保持爱心、美感与理想，挫折反而是使人向上的动力，甚至成为一种救赎的力量。

柏杨能够坦然地对待生活的坎坷，他没有耗费精力和生命去积聚那些只会变成尘土化作灰烬的东西，而是追求精神的收获和灵魂的坦然，最后他活出了人生的精彩。

坦然是一种心态、一种境界、一种状态，是意志的表现和毅力的释放，是经历了血与火，痛与苦、喜与悲之后的一种大彻大悟，是一种对人对事的心境，是一种放松和宽容的感觉，

也应该是一种接受现实的积极态度，一种明白、通融、大度的处事态度。

坦然让我们的生活多了理智，坦然使我们自然有序地应对世间发生的一切不幸，坦然的人会撑起宽广的胸怀包容一切不幸。他们得到不会忘形，失去不会消沉，清醒地总结过去，冷静地面对现在，自信地迎接未来，总有一种成竹在胸的心态。

世界很简单，复杂的是人；生活很轻松，沉重的是感情。人生坎坷，大道多歧，人人都会经历许多大悲大喜。而喜，而忧，而欣喜若狂，而悲极以泣。事实上活得简单些、活得朴实些，精神的坦荡，比物质的丰足更珍贵、更难得。

我们要学会坦然地面对人生，不论是人生的失败或者成功，都要有一种坦然的心态。人生在世，不可能事事成功，也不可能事事顺利，当然我们的人生也不可能永远充满阴霾，也不可能永远辉煌。当我们成功的时候，不要沾沾自喜，说不定下一步的就是我们所要面临的困境。当人生被阴霾笼罩的时候，也不要过分悲伤，总会有天晴的时候。我们不论做什么，不妨坦然一些，成也自在，败也坦然。只要我们保持一个清醒的头脑，按照正确的路途走下去，美好的生活一定会属于我们的。

苦难是宝贵的财富

苦难是人生的一笔宝贵财富，人的一生经历些许的坎坷是很正常的，没有经历苦难的人生是不完整的人生。如果你将过去的苦难看成是人生的痛苦的回忆，而不是把它看作一笔宝贵的财富好好利用的话，你就是在白白浪费你的宝贵资产。

苦难成就了一位世界超级小提琴家，他的名字叫帕格尼尼，苦难是他人生苦涩而又尊贵的乐章。

他是一个名副其实的苦难者，4岁时，一场麻疹病和强直昏厥症差点使他性命不保。7岁时，他又差点死于猩红热。13岁

时患上严重的肺炎，不得不大量放血治疗。40岁时，长满脓疮的牙床，使他不得不拔掉所有牙齿。之后，他又患上了可怕的眼病，年幼的儿子成了手中拐杖。50岁后，关节炎、肠道炎、喉结核等多种疾病吞噬着他的肌体。后来声带也坏了，靠儿子按口形翻译他的思想。他仅活到57岁，最后口吐鲜血而亡。死后尸体也备受磨难，先后搬迁了八次。

上帝赋予他的苦难确实太过残酷，使他饱尝了苦痛。

似乎上帝给予的灾难尚显不足，他给自己的生活还设置了各种障碍和旋涡，他把自己长期“囚禁”起来，每天坚持练琴十多个小时，而且孜孜不倦，废寝忘食。13岁的时候，他就过着流浪的生活。他看不惯上层人物的生活，认为人活着就离不开苦难，虽然他和五个女人有过恋爱，包括拿破仑的遗孀和两个妹妹，姑嫂间为他展开激烈地争夺，但他眼中的爱情只是练琴的教室和获得一个儿子的公平交易，他的唯一亲人就是一个儿子和他的小提琴。

他是一位天才。3岁学琴，12岁就举办首次音乐会，并一举成名，轰动舆论界。之后他的琴声遍及法、意、奥、德、

英、捷等国。他的演奏使帕尔马首席提琴家罗拉惊异得从病榻上跳下来，木然而立，无颜收他为徒。他的琴声使全场听众欣喜若狂，并宣布他为共和国首席小提琴家。在意大利巡回演出更是产生了神奇效果，人们到处传说他的琴弦是用情妇的肠子制作的，魔鬼又暗授妖术，所以他的琴声才魔力无穷。歌德评价他“在琴弦上展现了火一样的灵魂”。李斯特大喊：“天啊，在这四根琴弦中包含着多少苦难、痛苦和受到残害的生灵啊！”

帕格尼尼获得如此成就，人们不禁要问：“是苦难成就了天才，还是天才特别热爱苦难？”孟子说：“天将降大任于斯人也，必先苦其心志，劳其筋骨，饿其体肤，空乏其身，行拂乱其所为。”

俗话说，吃得苦中苦，方为人上人。没有苦难的经历，就不会有在苦难中奋发后的成功，更不会有成功之后快乐的满足感。所以，苦难对成功者来说，就是一笔不可多得的财富。

日本和香港的巨富们几乎都是出身寒门，文化程度大多为小学、中学——贫穷的生活不允许他们接受太多的教育。他们靠什么成功？答案也许会让你感到惊讶，那就是苦难。

霍英东出生于穷苦的水上人家，岸上没有他们的立锥之地，所以他们竟然不习惯穿鞋。霍英东当过铁匠、苦力，当苦力时被煤油桶砸断一根手指。苦难没有击倒他，他反而时时激励自己在苦难中奋起。经过刻苦的磨砺，命运终于垂青于他。

不要把苦难当作苦难，而要把它当作上帝恩赐给你的财富，这些财富也就是上帝让你给自己准确定位和锻炼自己的机会。之所以你能成就伟大的事业，是因为上帝赐予你超乎寻常的苦难，这种苦难磨炼你的意志，使你爆发出超人的力量，最终走向成功。也就是说，上帝赐予你超乎寻常的机会，这就是苦难，这就是财富。

失败孕育成功

爱迪生说："失败也是我需要的，它和成功对我一样有价值，只有在我知道一切做不好的方法以后，我才能知道做好一件工作的方法是什么。"

丹尼士在中学毕业后，找到了一份暑期工作，在期货交易所当跑腿，传递买卖单据。但他的经验非常惨痛，每周工资40美金，他会在一小时内输得一干二净。不过那时，丹尼士心里想：无论事情如何，我已经得到了第一次学习如何炒卖期货的机会。

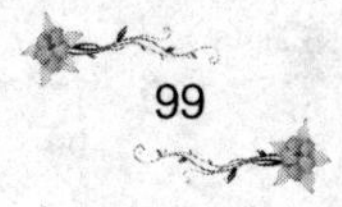

在丹尼士尚未成年之前，是不允许炒卖期货的，但是他的家父拥有交易所会籍，于是他就让父亲担任他的买卖手，经常委托父亲代他买卖。结果是经常输得一败涂地。

虽然入行初期，丹尼尔经常输钱，但这段经历对他来说获得了千金难得的经验。可以说，刚开始炒买卖的时候，成绩越差，对你今后影响越好。换言之，初入行时成绩太过出色，反而不妙。

初入行所经历的失败教训是通向成功的中转站。后来的丹尼士凭着400美元，炒卖成功，个人资产达到2亿美元。果没有他开始入行的经历，也不会有他后来的成功。

种子深埋在泥土之中，泥土既是它发芽的障碍，更是它生长的基础和营养来源。瀑布迈着勇敢的步伐，在悬岩峭壁前毫不退缩，因与山崖的碰撞造就了自己生命的壮观。挫折是成功的前奏曲，挫折孕育着成功。

很多人一遇到失败就好像战场上的逃兵，如临大敌，比谁跑得都快，生怕天要塌下来把他砸着似的。然后就是“一朝被蛇咬，十年怕井绳”。获得暂时的安全以后，前方的路还是要

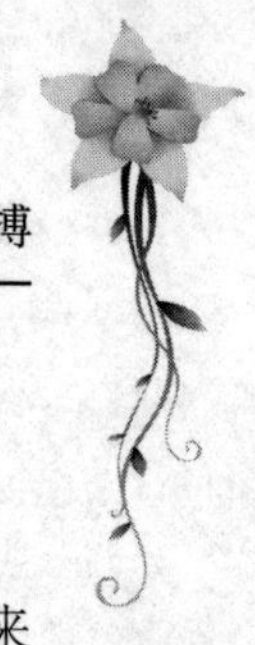

走，前方的困难还是要面对。所以，惶惶不可终日，随之而来的是胆怯和消沉：没有任何希望了，这就是命运呀！

俗话说，没有常胜的将军，我们无论做什么，都必须做好失败的准备，接受失败的洗礼，接受失败的磨砺，这样，才会发现其中的玄妙，进而走上成功。如果遇到困难失败绕着走，看似平坦的四周，走过去全是崇山峻岭，结果路走得更加艰难，付出的代价更大。

所以，不要一遇到失败就投降或逃避，不论在历史或是现实生活中，总有一些理智、自信而勇敢的人，他们曾经都是惨痛的失败者，但他们都能汲取经验教训，他们把失败当作靶子，一次刺不中，再刺一次，总有刺中的时候。

克服困难，心态要乐观

每个人都会遇到各种不同的困难，其实这个困难就是如何选择正确思想来对待困难。如果能做对这一点，形形色色的困难都会迎刃而解。

在困难面前，你首先要有一个乐观的态度。遇到困难，不要让它吞食你做事的热情，明白困难也是你行动中很自然的一部分，没有必要在做事之前热情高涨，在困难面前精神颓废。

爱默生说："一个人所做的，就是他整天所想的那些。"伟大哲学家巴尔卡斯·阿理留士说："生活是由思想造成的。"即有什么样的思维就有什么样的生活。

其实快乐和自己的心态息息相关，如果你的脑海里充满快乐的事物，你肯定就会感受到快乐；如果你的脑海里装的都是消沉和悲伤，那么，你会永远陷于不愉快之中；如果你老是想着骑在老虎的背上，你肯定会害怕；如果你一心想着失败，你就不会有成功的信心和动力，失败就是自然而然的事情了。

当然，我们绝不会说，那些对什么事情都得过且过的人就可以获得幸福。

卡耐基告诉我们，一个人必须明白“思想的重要性”。所谓的思想包括很多方面，既有成功的心智模式，又有大脑中做事之前的策划，还包括面对困难去解决困难的才智。决定去做一件事可能并不是什么困难的事情，但要知道这件事的困难在哪里，我们用什么样的办法去解决，每个人都有他特定的思想，什么样的思想就会产生什么样的办法，在解决困难时就会有不同的结果。因此，一个成功的人，完全决定于他对解决困难时方案的确定。

一个人的生命总会遇到一些不愉快的事情，重要的是我们要选择积极乐观的态度，抛开一切消极情绪的影响，以便保持头脑的清醒，找出应对任何困难的最佳方法。对困难，我们是关切，而不是忧虑，关切就是要弄清楚问题的关键在哪里，然

后很镇定地采取各种方法去加以解决；而忧虑却是发疯似的在小圈子里打转。

事实证明，每个人都可能遇到很严重的问题，但处理的方法可以完全不同，成天忧心忡忡并不能解决问题。

成功只垂青那些懂得怎样追求它的人。

世界著名成功学家拿破仑·希尔说："有些人似乎天生就会运用积极思维，使之成为成功的原动力；而另一些人则必须学习才会使用这种动力。可是，我们发现，每个人都能够学会使用积极思维。"

下面是培养解决困难、积极思维的几个方面：

（1）用自己的积极行动来培养端正的心态，改变自己以前不端正的思维心态，端正的思维心态就会让自己的行动朝着好的方向发展，会让自己战胜困难。卡耐基曾经说过："一个对自己内心有完全支配能力的人，对他自己有权获得的任何其他东西也会有足够的支配能力。"换句话说，当一个人开始运用积极思维进行思考来解决困难，并把自己看成是成功者的时候，成功就开始了。

（2）用美好的感觉、信心与目标去影响别人，与团队一起来解决困难。随着自己的行动与心态日渐趋向积极，人就会

慢慢获得一种克服困难的美满感觉，成功的目标就会越来越近。紧接着，别人就会被吸引，因为每个人都总是喜欢跟积极乐观的人在一起。运用别人的积极响应来克服困难，同时也帮助别人获得这种藐视困难的人生态度。

（3）让别人感到自己有信心和能力克服目前的困难。心理学家指出，自我意识的核心就是感觉到自己的重要性及别人对自己的需要与感激。美国19世纪哲学家、诗人拉尔夫·沃尔都·爱默生说："人生最美丽的补偿之一就是人们真诚地帮助别人之后，同时也帮助了自己。"使别人感到自己重要的好处，反过来也会使你感到自己重要，这是一个人自我价值的体现。

低谷只是人生中的一个阶段

一位哲人说，成功是由若干阶段组成的，挫折只是其中的某个阶段而已，如果由于它停止了前进的脚步，那将是非常愚蠢的。

20世纪80年代，可口可乐公司遭到百事可乐公司强有力的挑战，为了扭转不利的竞争局面，可口可乐公司把希望交给了塞吉诺·扎曼。

扎曼采取的策略是更换可口可乐的旧模式，标之以“新可口可乐”，并对其进行大肆宣传。但在新的营销策略中，他犯

了一个致命的错误，那就是将老可口可乐的酸味变成了甜味，而根本没有考虑顾客口味的不可改变性，完全忽略了顾客长期以来形成的习惯。

结果，新可口可乐成为继美国著名的艾德塞汽车失利以来最具灾难性的新产品，以致79天后，“老可口可乐”就不得不重返柜台支撑局面——改为“古典可乐”。

扎曼的失败使他在公司的地位和形象一落千丈，不久，处处被动的他不得不黯然离职。在离开可口可乐的那段日子，他曾14个月的时间没有和公司的任何人谈过话。对于那段不愉快的经历，他当时感觉像一个孤独而无助的孩子一样，但他没有完全封闭自己。

在扎曼先生经过了一年多的心理低谷后，他和另一个合伙人开办了一家咨询公司，在亚特兰大一间被他戏称为“扎曼市场”的地下室里，他操纵着一台电脑、一部电话和一部传真机，为微软公司和酿酒机械集团这样的著名公司提供咨询。

后来，扎曼先生为微软公司、米勒·布鲁因公司为代表的一大批客户成功地策划了一个又一个发展战略。

最后，扎曼先生在咨询领域成绩斐然，甚至连可口可乐也来向他咨询，请他回公司工作。可口可乐公司总裁罗伯特也承认："我们因为不能容忍错误而丧失了竞争力，其实，一个人只要运动就难免有摔跟头的时候。"

世上没有永远的失败，失败只不过是成功人生的其中一个步骤而已，受挫也只是一时，人生如果没有经历过受挫，那也不会享有真正的成功，成功其实就是一连串失败的结果。

很多时候，一个人的苦乐成败，不在于外物的左右，而在于自己的心态和看待世界的角度，如果你用悲伤的眼光看待生活，那么你的生活就会暗无天日；而且那将会影响你以后阶段的人生前进的脚步。

成功学家拿破仑·希尔认为，不管如何失败，都只不过是不断茁壮发展过程中的一幕。

我们每个人都不可避免地会遇到人生的挫折，即我们在做事的过程中有时会失败，也会遇到人生的各种不幸等等。而有的人每逢事业失败，没等别人说，失败者自己就会想我失败了，从此阳光离我远去，我再也不会成功了。但如果你知道"一切都不断在茁壮发展"，那么你也许就不会沉浸于失败的黑暗之中，

甚至还可以创造出另一个机会来，此时成功也不会离你太遥远了。面对失败，应该具有毫不妥协的战斗精神，但对于屡战屡败的事实，应该做一番认真的思考与总结，要痛定思痛，找出失败的原因，以便在人生下一阶段的行动中引以为戒。

第五章

信念是个支点

抓住偶然的机会

麦可斯韦尔定律曾这样表述："任何事情都看似很难，实质不难；任何事情都比你预期的更令人满意；任何事情都能办好，而且是在最佳的时刻办好。"

李维·施特劳斯是德国犹太人，他在家乡本来有一份由家族世袭的稳定工作，可是他对这份工作已经厌倦了，于是就跟着两位哥哥远渡重洋来到美国，加入到淘金的队伍中。

然而，现实并非李维想象的那样，遍地是黄金，而是遍地都是淘金人。看来靠淘金发财太难了。李维想，做生意或许比

淘金更能赚到钱。于是，他就开了一家卖日用品的小店。

犹太人在做生意方面有着极高的天赋，李维也不例外。虽然是在异国他乡，但李维凭着自己的勤奋好学，很快掌握了在美国做生意的窍门。他的小店生意还真不错。

有一天，一位来小店买东西的淘金工人和李维聊天时说："你这儿的帆布质量不错，如果做成裤子，很适合我们这种人穿。你知道，我们现在穿的工装裤都是棉布做的，很快就磨破了，如果用帆布做成裤子，一定很结实，很耐磨……"

听到这里，李维取出一块帆布，带着这位淘金工人来到了裁缝店，让裁缝用帆布为这个工人赶制了一条短裤——这就是世界上第一条帆布工装裤。这种工装裤，后来演变成世界服装——牛仔裤。

那位矿工拿着帆布短裤高高兴兴地走了，李维此时想的是立即加工帆布工装裤!

大量的订货单雪片似的飞来，李维一举成名。帆布短裤一生产出来，就大受淘金工人的热烈欢迎。这种裤子的特点是结实、耐磨，穿着也舒适。1853年，李维成立了"李维帆布工装

裤公司”，大批量生产帆布工装裤，销售给淘金者。

只有满足顾客的需求才能继续发展，否则，就会在弱肉强食、优胜劣汰的市场中失去优势，甚至一败涂地，李维对此心知肚明。因此，从帆布工装裤上市时起，他时时考虑顾客的需求，不断对产品进行改进。

就是在产品非常畅销、市场供不应求的状态下，李维仍然不断对顾客进行调查研究。工地上蚊子多，为了避免工人们受蚊虫叮咬，李维将短裤改成长裤；为了让工人们的裤子能装更多东西，李维在裤子的不同部位多设计了两个口袋等。

这些改进让矿工们非常满意，李维裤因此受到了更多矿工的欢迎，生意非常红火。其实，有些发明是靠偶然的灵感成功的，就像帆布工装裤一样，如果没有那个淘金工人的一番话，哪会有如今风靡世界的牛仔裤呢？

当然，这偶然的灵感都是有心人创造出来的。他们善于抓住那一瞬间的“电光”，做出震惊世界的举动。成功者的过人之处就在于能紧紧抓住很多偶然的东西，做出惊人的成就。

到处都是机会，就看你有没有慧眼、能不能发现了。淘

金不是赚钱的唯一选择。无论是淘金挣来的钱还是卖水挣来的钱，抑或是卖帆布裤子挣来的钱，价值都是一样的，何必一定要淘金?

我想起了“墨菲定律”，这个定律告诉我们：“任何事情都看似容易，实质很难；任何事情所费时间都比你预期的多；任何事情都会出差错，而且是在最坏的时刻出差错。”

如果你有这种思维倾向，请赶快把它转换成“麦可斯韦尔状态”。

你就是一只雄鹰

美国金融大鳄摩根对自己的儿子说过："你要相信，你就是一只雄鹰，一只天生注定要到天空翱翔的雄鹰。"

丘吉尔7岁开始入校读书，他是学校中最顽皮的学生，因此经常遭到老师的体罚，后来不得不转学到另一所学校。可是他的学习成绩却一直不好，老师认为他智力迟钝，是一个低能儿，不会有太大的出息，这种情况一直持续到他中学毕业。

但丘吉尔对自己始终充满着信心，努力地学习着英文，在印度服兵役时期，他充分利用闲余时间来学习各种知识。经过

很长时间的刻苦磨砺，丘吉尔掌握了4万多个的英语单词，成为掌握词汇量最多的人之一。

后来，丘吉尔被任命为英国首相，他在就职时发表演说："我没有别的，只有热血、辛劳、眼泪和汗水贡献给你们……你们问：我们的目的是什么？我可以用一个词来答复：胜利，不惜一切代价的胜利，无论多么恐怖也要争取胜利，无论道路多么遥远艰难，也要争取胜利，因为没有胜利就无法生存。"这段演讲词，成为演讲初学者模仿的范文。最后他带领英国人民同德国法西斯进行了英勇的战斗，并以英国的胜利告终。丘吉尔并成为英国人民最爱戴的首相之一。

丘吉尔作为英国最伟大的首相之一，所拥有的自信和毅力不是一般人所能比拟的，他从小学时期就对自己充满信心，经过磨炼，终于成为掌握英语单词最多的人。这就是自信带来的力量！

梦想是可以变成现实的，只要你有足够的自信，付出足够的努力。

一位58岁的农产品推销员奥维尔·瑞登巴克以不同品种的玉米做实验，想制造一种松脆的爆玉米花。后来他终于选出理想的品种，可是没有人肯买，因为成本较高。

“我知道只要人们一尝到这种爆玉米花，就一定会买。”他对合伙人说。

“如果你这么有把握，为什么不去销售?”合伙人回答道。

万一他失败了，他可能会损失很多钱。在他这个年龄，他真想冒这个险吗?他雇用了一家营销公司，为他的爆米花设计品名和包装形象。不久，奥维尔·瑞登巴克就在全美国各地销售他的“美食家爆玉米花”了。

如今，畅销世界各地的爆玉米花，全部是他冒险的结果，他用自己的一切作为赌注，换回了他想要的丰厚回报。

“我想，我之所以干劲十足，主要是因为有人说我不能成功，”已过年八旬的瑞登巴克说，“那反而使我决心要证明他们错了。”

大自然赋予我们每个人巨大的潜能，需要我们去发现、去开发。一位有名的作家曾经说过人人都是天才，所以我们要相

信：没有什么人是没有天赋的，那些认为自己没有天赋的人只不过是还没有发现自己的潜力。

在成功道路上飞奔的每个人，都要有挫折打不败的信心。所以，你要相信你自己，你是不惧怕任何困难与挫折的，因为你知道你能够战胜它们。相信自己有能力，你就有能力；相信自己能成功，你就会成功。

所以，你如果想成功，你就要相信你就是一只雄鹰，一只天生注定要到天空翱翔的雄鹰。那么，你一定能在属于你领域的天空里自由翱翔。

信心就是力量

罗伯森说："自信就是强大，怀疑只会抑制能力，而信仰却是力量。"只要你认准了目标，相信自己能行，并且坚持到底，信心就会转化成力量，创造出奇迹。如果你对你从事的事情半信半疑，你会一事无成。

"我要去会见一个重要的客户，你要说什么就快说吧。"威尔逊对一个拦住他的盲人说。

"先生，这个打火机只卖一美元，这可是最好的打火机啊。"盲人在一个包里摸索了半天，掏出一个打火机。

“我不抽烟，但我愿意帮助你。这个打火机，也许我可以送给开电梯的小伙子。”威尔逊先生把手伸进西服口袋，掏出一张钞票递给盲人。

“您是我遇见过的最慷慨的先生！仁慈的富人啊，我为您祈祷！上帝保佑您！”盲人用手摸了一下那张钞票，竟然是一百美元！他用颤抖的手反复抚摸这钱，嘴里连连感激着。

“您不知道，我并不是一生下来就瞎的，都是23年前布尔顿的那次事故，太可怕了！”盲人又喋喋不休地说。

“你是在那次化工厂爆炸中失明的吗?”威尔逊先生一震。

“是啊是啊，您也知道?这也难怪，那次光炸死的人就有93个，伤的人有好几百，可是头条新闻哪！”盲人仿佛遇见了知音，兴奋得连连点头。

“我真可怜啊！到处流浪，孤苦伶仃，吃了上顿没下顿，死了都没有人知道！”他越说越激动，“你不知道当时的情况，火一下子冒了出来！逃命的人群都挤在一起，我好不容易冲到门口，可一个大个子在我身后大喊：‘让我先出去！我还年轻，我不想死！’他把我推倒了，踩着我的身体跑了出去！

我失去了知觉，等我醒来，就成了瞎子，命运真不公平啊！”盲人想用自己的遭遇打动对方，争取得到更多的一些钱，他可怜巴巴地说。

“事实恐怕不是这样吧？”威尔逊先生冷冷地说，“我当时也在布尔顿化工厂当工人，是你从我的身上踏过去的！你长得比我高大，你说的那句话，我永远都忘不了！”

盲人一惊，用空洞的眼睛呆呆地对着威尔逊先生。盲人愣了好长时间，突然一把抓住威尔逊先生，颤抖地大声说道：“这就是命运啊！不公平的命运！你被阻挡在里面，现在却出人头地了，我跑了出去，却成了一个没有用的瞎子！”

这时威尔逊先生用力推开盲人的手，举起了手中一根精致的棕榈手杖，平静地说：“你知道吗?我也是一个瞎子。你相信命运，可是我不信。”

那次事故以后，威尔逊先生从一个普普通通的事务所小职员做起，经过多年的奋斗，终于拥有了自己的公司、办公楼，后来就出现了此文开头的那一幕。威尔逊先生成了一位成功的企业家，并且受到了人们的尊敬。

威尔逊和那个乞讨的盲人都是在同一次化工厂爆炸中失明的，但由于两个人对生活的态度不同，导致最后两个人的境遇不同。威尔逊并没有在那次化工厂的事故中沉沦，而是有自己的信心、自己的打算，他从一个普普通通的小职员干起，经过奋斗最后拥有了自己的一切。可怜之人，必有可恨之处：那个乞讨的盲人以为自己瞎了，没有用了，从此屈从于命运，不思进取，过着低三下四的乞讨生活。

不管我们身处何地，遇到何事，一定要有足够的信心，因为信心就是驱动我们前进的力量，它会让我们产生奇迹的。

信心产生快乐

信心可以使我们变得富有激情和充满活力，这是因为信心给了我们挑战生活的勇气，使我们觉得生活充实而又有意义，也使我们感受到了生活的快乐。

在一家单位大院门房里，新来了一个值班老人，他红朴朴的脸上总是带着一丝孩童般的笑意。第一天上班，他就麻麻利利地把整个大院地上的树叶扫成三堆，边点火，边幽默地说："新官上任三把火！"听大院里的人讲：这位离休干部在家闲不住，一定要到这家单位门房工作。他有首童谣是这么唱的：

“人生七十才开始，八十不过小老弟，九十还在流鼻涕！”永葆赤子之心，这“心”也是欢喜心。

这位干部没有因离休而丧失生活的信心，即使作为一个值班人员，也做得风趣幽默、有声有色。我们的人生都不是一帆风顺的，人人都痛苦或悲伤过，但重要的是，不要丢失了生活的信心，及时走出心中的阴影，并以一颗欢喜心去面对。如果心在哭泣，换来的只是更浓重的愁云，只有以阳光般的歌声对生命歌唱，才会赢得一片晴空。

有家单位有个四十多岁的钟点工，她的工作就是摆弄盆栽花草，工资很低，虽然那样，她干得还是十分认真，而且乐此不疲。整个单位由于她的辛勤劳作，一年四季都芬芳四溢，鸟语花香。花开从来都是默默的，是一种快乐无声的绽放，正如这位热情的钟点工，默默地工作，快乐地工作。就好似一朵芳香而不喧哗的鲜花。

近朱者赤，近墨者黑。如果你有信心笑对生活，生活也会微笑地对待你。

自信就有机会

世界华人成功学权威陈安之说：“不管做什么事，只要放弃了就没有成功的机会；不放弃，就会一直拥有成功的希望。”

在美国北纽约州的一个小镇上。有个名叫露茜丽·鲍尔的小女孩，从小便立定志向，梦想成为最著名的演员。

18岁的时候，她在一家舞蹈学校学习了三个月的跳舞，这时她的母亲收到了舞蹈学校的一封信函，信的内容是：“您好，众所周知，本校一向是以培育最佳的表演人才闻名，世界上几乎所有著名的表演工作者，都是从本校毕业的。所以，我

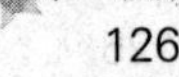

们一眼便能辨识出学生的资质如何。遗憾的是，我们还真没有见过像您女儿这样差的资质，因此我们必须勒令贵千金退学，以维持我们学校的学生素质。”

就这样，露茜丽结束了舞蹈学校的学习与训练。她在以后的时间里一边打工，一边在业余时间参加各种演出和排练，即使没有报酬，她也无所谓。

两年以后的一天，她得了肺炎。住院三周以后，医生告诉她，她以后可能再也不能行走了，她的双腿已经开始萎缩了。她带着演员梦和病残的腿，回家休养。露茜丽没有被病魔吓倒，她告诉自己：“我一定会站起来。”

在家里，她得到了家人的理解和支持，忍受着疾病带来的疼痛，她开始了艰苦的康复训练。她咬着牙坚持了两年，经历了无数次的摔打，终于出现了奇迹——她可以再次奔跑了！

痊愈之后，她更加努力地朝着自己的舞蹈目标奋进。尽管年龄偏大，身体条件不佳，使她的表演前程充满艰辛，但她毫不气馁。她反复地告诫自己：“我已经能自己行走了，以后再也没有什么事能难倒我，我一定会成功。”

在她40岁的时候，有一家电视台的导演看中了她的表演，认为她非常适合某个角色。露茜丽毫不犹豫地抓住了这个重要的机会，也是从这时起，她的表演生涯才正式拉开了序幕。

这次演出，露茜丽·鲍尔大获成功，她开始越来越受观众的欢迎。她在观众心目中的形象不是跛腿和满脸的沧桑，而是一个有着杰出的表演天赋和朝自己的理想不断进取的成功典范。

在艾森豪威尔任美国总统的就职典礼上，有无数人从电视上看到了她的表演，英国女王伊丽莎白二世加冕时，有 3300人欣赏了她的表演……到了 1953年，看过她表演的人超过 4000万人。

从露茜丽的经历中，我们可以得出这样一个结论：只要相信自己就有机会。

就像冬天的野草，尽管历尽严寒，但是它们依然坚强地坚持，一直到春暖花开，重新发芽成长；把自己定位在意志薄弱的基础上的人，如同一株幼草，一旦被风吹折，便再也站不起来，也就永远错失了成功的机会。

永不言弃是一种很伟大的精神，因此，只要我们不放弃，失败都只是暂时的，只要坚持下去，坚持自己的梦想，总会有

成功等在前面。失败没有什么可怕的，可怕的是自己放弃成功的机会。

打造自信心

有了自信心，我们做事才有成功的可能，而没有了自信心，成功就无从谈起。不论你的能力大小、天赋高低，成功是建立在自信心的基础之上的。因此，我们要打造自己的自信心，相信能做成的事，就一定会取得成功。

亨利·比奇上学时，一次，他被老师叫到黑板前，他心里惴惴不安，祈祷个没完，千万别出什么问题。

他正想着，老师平静而有力的声音在他耳边响起："这一课必须得学。"他的老师是一位对学生非常严格的教师，从来不认

可一切解释和借口。他总是对他的学生说：“我要的是那个问题的答案，我不想听到你没能回答那个问题的任何理由。”

这次，亨利·比奇同样学习了两个小时。不过这次老师严厉的声音又一次在耳边响起：

“那对我没有任何意义。我要的是你背下这一课。你可以不必去学，或者你可以学上10个小时，随你的便。但我要的是你背下这一课。”

亨利·比奇后来说：“这对一个小学生来讲太难了，但我从中获得了益处。不到一个月的时间，我获得了巨大的勇气和独立思考的能力，我不再害怕背课文了。”

又有一天，老师那冷漠平静而又有力的声音在大庭广众之下响在了亨利·比奇的头上：“不对！”

亨利·比奇犹豫了一下，于是从头开始背，当他又背到相同的地方时，还是一声斩钉截铁的“不对”阻断了他的背书进程。

“下一个！”

亨利·比奇只好莫名其妙地坐了下来。

而当那个同学也被老师的“不对”声打断时，那个同学全

然不顾，仍旧背自己的，直到全部背完。最后他得到的评语是“非常棒”。

“为什么会这样？”亨利·比奇很委屈，他说，“我背得和他一样，你中途却说不对！”

“那你为什么不像他那样继续往下背呢？这说明你对课文了解的还很不够，重要的是你要深信自己已经掌握了它，除非你胸有成竹，否则，你的学习相当于做了无用功。如果全世界都说‘不’，你要做的就是说‘是’，证明给人看。”

亨利·比奇的老师只要学生的实际学习效果，杜绝一切的理由和借口，这么做，给学生们的最大益处就是相信自己的能力，如果学生们不相信自己，经常依赖老师的话，就永远不会有大的收获。

成功者虽然也会模仿别人，但他们在关键时不为他人的意见所左右，他们自己会进行思考和创造。他们常常自己制订计划并付诸实施。

你看到的每个成功的人几乎都依赖于某些因素或某个人。从表象看，这些成功的人中有些人是靠他们的钱，有些人是靠

朋友，有些人靠衣装，有些人靠门第，有些人靠社会地位。但是，我们很少有人明白，一个成功的人完全是靠自己的双脚堂堂正正地立身于社会的人——他靠的是自己的美德、完全的自信自立。

对于一般的人来说，往往很难做到树立坚强的自信心，而一旦做到了，即使是普普通通的我们也能做出惊人的业绩来。怯懦和意志容易动摇的人永远不会超越自我设定的高度。如果拿破仑在率军翻越阿尔卑斯山的时候，说："攀越这么险峻而积雪的山峰是根本不可能的事情。"那么，他的军队永远不会征服那座高山。所以，无论做什么事，坚定不移的自信力才是达到成功所必需的因素。

人没有生来就能成就一番事业的，很多青年本来可以有一番伟业，但事实上他们只做着简单而没有发展前途的小事，过着平庸的生活，这就不可能成功了。根源在于他们自我放弃，没有远大的人生理想，信念也就无从谈起。其实，与那些充满诱惑的金钱、权力和出身等相比，自信是更有价值的东西，它是人们东山再起的最可靠的资本。自信能助你清除各种困难和障碍，能使事业取得圆满的成功。

很多成功学家对那些在各领域有突出贡献的卓越人物进行

过分析研究，发现他们都有一个共同的特点，那就是这些人在开始做事的时候，总有充分相信自己能力的坚强自信心。他们深信自己所从事的事业一定会成功。然后，他们投入了全副精力，甚至以蚂蚁啃骨头的精神排除了一切拦路虎，一直到取得最后的胜利。

下面是培养自信的四个方法：

（1）一定要避免使自己处于一种不利的环境中。否则，当你处于这种不利的环境下时，虽然人们会表示同情，但他们同时也会感到比你地位优越而在心理上轻视你。

（2）不要总想着自己的缺陷 。

（3）每天照三遍镜子。

（4）相信你的感觉，其他人并不一定注意得到。

发挥信念的威力

如果一个人时时想着成功，以后就很可能成功；反之，如果一个人时时想着不可能，那么他以后就不可能成功。人生的法则，就是信念的法则。

美国著名学者、博物学家兼哲学家、心理学教授威廉·詹姆斯称得上是心灵与肉体两方面的专家，他对信念是这样论述的："只要怀着信念去做你不知能否成功的事业，无论从事的事业多么冒险，你都一定能够获得成功。"

世上无难事，只怕有心人。做一件事情，不论它有多么艰难复杂，只要你守住信念，坚持一直往前走，总会让你发现新

的思路，总会让你有新的收获。新思路和新收获激励着你一步步逼近成功，直到最后实现成功。

信念之所以能够产生如此奇迹般的结果，是因为拥有绝对可能的信念，便会在心底里播下良好的种子，从而产生良好的作用。

怀有信念的人是十分伟大的。他们遇到任何事情从来都不退缩，同时也不会感到恐惧，最多也就是稍感不安，到最后也都能超越自我。世上许多令人无法相信的伟大事业，都有人完成了。究其原因，无非是那些人具有不怕艰难险阻的坚强信念，坚信自己一定会取得成功。

凡是想成功的人，凡是不甘于现状、渴望进取的人，都要坚定自己的信念，不为各种干扰所左右，朝着既定的大目标勇往直前，相信最后一定会取得成功！

每年每月，甚至是每天，都会有很多年轻人加入到新的工作行列，他们都希望自己有一天能身居要职，出人头地，并享受随之带来的丰厚待遇。但是，他们都不具备持久信念，他们或浮躁，或急于求成，结果往往会事与愿违，人生的跟头摔得很重。一旦困难横亘在他们的面前时，他们往往束手无策，找不到登上巅峰的途径，残酷的困难打碎了他们曾经美好的梦，

打碎了他们平衡的心理，更重要的是打碎了他们的信心，彻底动摇了他们的信念，成功对于他们来说也就半路夭折了，他们的作为也就一直停留在一般人的水准。因此，你如果不具备坚定的信念，信念的威力在你这里就会失去它的威力。

现实中，还是有少部分人始终坚信他们总有一天会成功。他们抱着“我就要登上巅峰、我一定要成功”(这并不是不可能的)的信念来进行各项工作。这批年轻人仔细研究高级经理人员的各种作为，学习那些成功者分析问题和做出决定的方式，并且留意他们如何应对进退。在生活的历练中，他们挫而不折，屡败屡战，最终凭着坚定的信念达到了目标。

信念作为一种行动的指导原则和信仰，给我们指明了人生的意义和方向；信念像一张早已安置好的滤网，过滤我们所看的世界；信念也像大脑的指挥中枢，指引着我们前进的方向。

生活中，常有这样的事：医生已判定某患者的病无法治愈，但患者却抱着“一定会好”或“我的病不像大夫说的那么严重，我会好的”这种坚强的信念，病后来真的就完全治好了。这类事古今中外不胜枚举。

工作也是一样。在经济不景气的氛围中喘息奔波而最终崭露头角、获得成功的例子也不在少数。其原因就是，任凭别人怎么

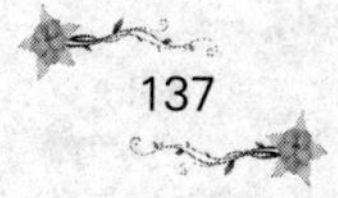

说“那不可能”“谁也无法成功”，而自己却坚定信念“我一定要做出成绩”“我一定会成功”，结果就真的成功了。

所以，你在前进的道路上不管遇到什么阻力，一定要坚持积极的信念，最终会获得胜利的。

信念是成功的火种

守住自己的信念，哪怕它只是秋天最后一片落叶，或只是水中一截枯木的残根，只要你不曾对生活失去信心，生活就不会抛弃你，因为守住了信念就留住了希望。信念有如点点火种，最终可以成燎原之势。

古时候，一位父亲和他的儿子同时出征打仗。后来，父亲已升迁至将军，儿子还只是一个马前卒。

当战场上的又一阵号角吹响、战鼓雷鸣时，父亲庄严地托起一个箭囊，里面插着一支箭。父亲严肃地对儿子说：“这

是咱家传袭下来的宝箭，佩带身边，会使你力量无穷，百战百胜，但要记着一点：千万不可抽出来。”

儿子接过一看：一个极其精美的箭囊，用厚牛皮打制，镶着幽幽泛光的铜边儿。再看露出的箭尾，一眼便能认定是用上等的孔雀羽毛制作。儿子顿时喜上眉梢，贪婪地推想箭杆、箭头的模样，耳旁仿佛掠过“嗖嗖”的箭声，敌方的主帅应声落马而毙。

佩带宝箭的儿子神勇异常，一路所向披靡。当队伍鸣金收兵的号角吹响时，儿子再也禁不住得胜的豪气，完全背弃了父亲的叮嘱，强烈的心理欲望驱赶着他呼一声就拔出宝箭，试图看个究竟。

刹那间，他惊呆了：“不是父亲说的那样是一支宝箭，而是一支断箭！原来箭囊里装着一支折断的箭。我一直带着一支断箭打仗呢！”儿子吓出了一身冷汗，仿佛顷刻间失去支柱的房子，意志轰然坍塌，备感失落。

后来的结局不言自明，在战场上，儿子再也不能像先前那样神勇异常、所向披靡了，最后惨死于乱军之中。拂开蒙蒙的

硝烟，父亲拣起那支断箭，沉重地叹了一口气道："不相信自己的意志和信念，永远也做不成将军。"

如果一个人不相信自己，不相信自己的意志和信念，而把胜败寄托在一支宝箭上，这是多么愚昧无知。同理，而当一个人把自己生命的希望交给别人时，又意味着冒多么大的危险。比如你把希望寄托在儿女身上，你可能一辈子挨饿受冻；把幸福寄托在丈夫身上，而自己不去奋斗，你可能一生孤独凄凉……由这个故事揭示：只有自己才是一支真正的宝箭，若要它坚韧，若要它锋利，若要它百步穿杨、百发百中，磨砺它、拯救它的只能是自己。

信念会使你的意志更坚定，会使你英勇无畏、心无旁骛地走到成功的终点。

某一年，有一支英国探险队进入撒哈拉沙漠，在茫茫的沙海里跋涉。阳光下，漫天飞舞的风沙像炒红的铁砂一般，扑打着探险队员的面孔。望着无边无际的沙漠，队员们都有些茫茫然：口渴似炙，心急如焚——大家的水都没了。

这时，探险队长拿出一只水壶，说："这里只剩下最后一壶水了，但穿越沙漠前，谁也不能喝。"

一壶水，成了队员们的希望寄托，水壶反复地在队员中间传递，沉甸甸的感觉使他们倍加珍惜这仅有的一壶水，面上绝望的神色也一扫而光，取而代之的是一种坚定。不知又经历了多少口干舌燥的时光，凭着一壶水的坚定信念，最后终于走出了大漠。

得以生还的大家一下子卸掉了生死的沉重负担，激动得热泪盈眶，当用颤抖的手拧开支撑他们的精神之水——缓缓流出来的却是满满的一壶沙粒！

在烈日炎炎、无边无际的沙漠里，真正使他们得救的又怎么会是那一壶沙粒呢？是他们执着的信念，有如一粒种子，在他们的心里深深扎根发芽，最终支撑着他们走出了绝境。

其实，人生没有真正的绝境，生活中的我们无论遭受多么大的艰辛困苦，只要我们心中还有信念种子的支撑，总会有一天，我们会拨开乌云见明月，会重铸辉煌。

人生幸福与否，取决于我们心中是否具有信念，只要心中

存有信念的种子，我们的希望就在，我们的理想就会实现。信念就是一种积极向上的生活态度。

所以，生活中时常会碰到这样或那样的困难，我们一定要坚守住自己的信念，不要被困难吓倒。守得云开见月明。在乌云密布的夜晚，只要我们有着对明月的渴望和抱着明月总会出来的信念，静静地等待，就会等到明月普照大地的美丽时光。

把潜意识转化成信念

人的潜在意识一旦完全接受自己的要求之后，这种要求便会成为创造法则的一部分，并自动地运作起来。人必须相信自己所想要相信的事。这样，就会在自己的潜意识中得到真正的印象，而自己的潜意识也会因印象的程度而适当地做出积极的反应。

有一个美国小孩非常喜欢做梦，当别的孩子忙着玩耍，他已拥有辨认皮夹克好坏、真假的本事。中学的时候，他一得到打工赚来的钱就为自己买衣服，不断培养自己对服装的兴趣，并希望日后朝服装界发展，毕业时，他在纪念册上写下他的愿

望："成为百万富翁。"

他希望进入服装界的想法一直在他心中盘算着，于是他在没有专业素养，单凭特殊品味的本事下，得到一家领带制造公司任用，终于有了展露设计才华的机会，他设计出的东西得到了同业的赞赏。

之后，他的朋友因为欣赏他的才华而愿意投资，和他开设了公司，他更得到了发挥才华的空间，大胆地打破传统设计模式，把当时流行的两吋半宽的领带，硬是设计成4吋宽，这样叛逆的设计，得到了当时时尚市场的肯定，更掀起一阵流行狂潮，于是他的公司成为男装革命的先锋，最后他也成了因服装设计而致富的典范。

他就是著名的美国服装业巨子雷夫·罗伦。许多人会将成功者的成功因素归因于幸运，但是，真的只有幸运吗？因为一个单纯的兴趣，到成立自己的服装王国，甚至成为美国最有影响力的服装巨子，原本单凭罗伦的身分和没有专业素养的本事，是根本无法完成的梦想。罗伦由于具有强烈的成功欲望和指导思想的潜意识，使得他基本上一路顺畅地将自己所处的环境改造成有利于

自己发展的好机会。还把朋友吸收进来，共创大业。

其实潜意识是可以引导和培养的，只要我们多注意自己的意识，不去过多接触那些负面的东西，让它们消失在萌芽状态之中，然后多向正面的意识方向发展。时间一长，就可以让我们的潜意识走向正向的轨道。由于潜意识没有判别的能力，培养起来是有一些难度的。

美国汽车大王亨利·福特，年轻时在一家电灯公司当工人。一天，他突发奇想，产生了一个要设计一种新型引擎的意识，他的妻子很支持他的这个想法，并鼓励他说："天下无难事，你就试试吧！"她还把家里的旧棚子腾出来，供他使用。

于是，福特每天下班回来，就径直钻进旧棚子里潜心研究他的引擎。没有任何取暖设施的棚子把福特的手冻出了包，而且冻得他的牙齿经常在寒风中"咯咯"作响，凭着对新引擎的执着，这些都对他没有太大的影响，他对自己默默地说："引擎的研究已有了头绪，再研究下去就能成功。"

亨利·福特在自己的旧棚子里工作了三年，一个异想天开

的稀奇的东西终于问世了：1893年，亨利·福特和他的妻子乘坐着一辆没有马的马车，在大街上摇晃着前进，街上的人被突然出现的这一大怪物吓了一跳，那些胆小的人还偷偷地躲在远处观看。

从这一天起，这个对全世界都产生深远影响的新工业，就在亨利·福特的意识和潜意识的驱动下诞生了。

信念不是生来就有的，它是在我们经历的大量事情的积累中参悟到的，它是我们生活中的方向标，使我们时时充满激情，义无反顾地奔向目标。

一个人要想使自己成功，除了发现自己的潜意识之外，最根本最重要的是把它转变为信念，并毫无倦怠地持续工作，实现自己的信念。

信念决定成功

信念像指南针和地图，能指引出你要去的目标，并确信必能到达。信念会帮助你看到目标，鼓舞你去追求，创造你追求的人生。只要你坚定信念，成功就会垂青于你。

亚历克斯·哈利，是美国著名的黑人作家，他凭着长篇小说《根》获得了美国普利策特别奖。

他的生活曾经非常艰难，他在早期落魄的人生中学会了忍耐和坚持信念，他深知成功不是一蹴而就的。他说：“写作是一项孤独、艰苦而得不偿失的工作。无数的文字工作者中，只

有极少数能获得命运女神的垂青，而大多数人，一辈子都将默默无闻。”

没有成名时，他在三藩市海岸警卫队工作了20年，后来，他义无反顾地离开了那个地方，因为他想当一名自由作家。

于是他来到纽约去寻求发展，开始住的环境非常糟糕，住在一个公寓大楼内一间阴暗潮湿、没有浴室的储藏室里。他买了一台旧打字机，在储藏室里开始了他那艰苦的创作。

一年很快过去了，他毫无收获。当到了开始推销第一篇作品的时候，他生活非常困难，所挣的钱刚够维持生活。在那段难忘的时光，希望变得很渺茫。

三藩市海岸警卫队的一个朋友有一次给他打电话说：“我有一个好的提议，哈利，我们需要一位公共资料管理员，年薪水是6000美元，你来吧，这对你有好处。”

6000美元，在1960年可是一笔大数目。如果哈利接受了这份工作，不仅能用它还清所有债务，还可以再买一座不错的房子和一辆旧车，而且他还可以一边工作，一边坚持写作。这对于哈利来说真是一个诱惑。

但哈利坚决地回答："不，谢谢你，我一定要写下去。"

再到后来，他开始发表一些文章。常写一些有关民权、美国黑人和非洲黑人故事的文章寄给报社。那个时候，他总能想起和奶奶在一起的日子，她经常给他讲有关黑奴的故事。这些故事都是美国黑人心中灰色的记忆，人们只把它们深深地埋在心底。

当一次他和《读者文摘》编辑们一起吃饭的时候，不经意间说起了有关黑人的故事，他告诉他们，想写一部家庭史，从黑人被贩卖到美国开始写起。饭后，他得到了一份合同，编辑们付给了他九年的生活费用，让他专心从事研究与写作。

写作的过程是漫长、枯燥而艰苦的，一直到1976年，哈利才完成了这部呕心沥血的作品《根》，它的发表，使哈利获得了几乎是空前的声誉和成功，生活的幻影变成了炫目的光环。

如果你的信念能像黑人作家一样，坚持到理想实现的那一天，那么，属于你的天堂就会出现。

一个人做任何事都不是没有原因的，我们做的每一件事都是根据自己的信念，有意或无意地导向快乐或避开痛苦。如果你希望能够彻底改变自己既有的不良习惯，那么就得从掌握行

为的信念着手才行。

信念在执行的过程中，如果遇到一些诱惑，你要坚持。如文中的亚历克斯·哈利，面对年薪6000美元的丰厚工作，中途丝毫没有放弃自己的信念。

人生不如意十之八九，其中甚至有极为痛苦的遭遇，要想活下去非有积极的信念不可，这是心理医生维克多·佛朗凯从奥斯维辛集中营幸存着身上总结出的道理。他说：凡是能从这场惨绝人寰的浩劫中活过来的人都有一个共同的特征，那就是他们不但能忍受百般的折磨，并且能以积极的信念去面对这些痛苦，他们相信自己有一天会成为活生生的见证，告诉世人不要再发生这样的惨剧。

人类的历史，从根本上说是信念的历史。像哥白尼、哥伦布、爱迪生和爱因斯坦等人，他们何尝不是改变历史、信念坚定的人。当我们人生中发生任何事情时，脑海里便自然会浮现出两个问题：这件事对我是快乐还是痛苦？此刻我得采取什么行动，才能避开痛苦或得到快乐？这两个问题的答案是什么，就全看我们所持的是哪种信念。

信念决定成功。若有人想改变自己，那就先从坚定信念开始；如果想效仿伟人，那就效仿他成功的信念吧！

信念是人生的支柱

我们只要拥有实现梦想的信念，每个人都可以把心中的梦想变为现实。因为信念是我们精神世界里担大梁的支柱，一旦丢失信念，失去支撑的精神大厦就会坍塌下来。所以，我们的心中要保有坚定的信念以支撑到目标的实现。

很久以前，美国的许多无线电台都觉得女性不适合做播音主持，原因是不能吸引听众。但莎莉·拉斐尔立志于播音事业。开始的时候，她在纽约的一家电台找到工作，但不久就被辞退了，说她赶不上时代，结果她失业了一年多。

一天，她向一家国家广播公司职员谈起她的漫谈节目构想，那人说："我相信公司会有兴趣。"但此人不久就离开了国家广播公司。后来，她碰到该电台的另一位职员，再度提出她的构想。此人也夸奖是个好主意，但是不久此人也失去踪影。最后她说服第三位职员雇用她，这个人虽然答应了，但提出要她在政治台主持节目。

她对丈夫说："我对政治所知不多，恐怕难以成功。"丈夫热情鼓励她尝试一下。第二年夏天她的节目终于开播。由于对广播早已驾轻就熟了，她便利用自己的经验和平易近人的风格，大谈她对7月4日美国国庆的感觉，又请听众打电话谈他们的感受。

听众立刻对这个节目发生了兴趣，她主持的节目一时之间成为最受欢迎的一档节目。通过自己的勤奋，她战胜了多次的挫折带来的压力而一举成名。

据她回忆："我遭人辞退18次，本来大有可能被这些遭遇所吓退，做不成我想做的事情；结果相反，我让它们鞭策我勇往直前。"

莎莉·拉斐尔已成为一名成功的著名主持人，两次获奖。在美国、加拿大和英国，每天都有800万听众收听她的节目。

我们要相信自己，坚定自己的信念，这是获得成功必不可少的前提。美国著名播音节目主持人莎莉·拉斐尔就是一个很好的例子。当然其他因素也非常重要，但最基本的条件，是激励自己达到所希望的目标的积极态度，即你的坚定信念。

因此，能保证成功的不是知识，也不是教养，更不是训练、经验、金钱，而是信念。可见信念在成功的诸要素当中起了支柱的作用。

美国著名学者、博物学家兼哲学家、心理学教授威廉·詹姆斯说："不可畏惧人生。要坚信人生是有价值的。这样才会拥有值得我们活下去的人生。"坚信人生是有价值的，才会拥有值得活下去的人生，意思是说，"坚信"在人生中起了"活下去的"支撑作用。

心中怀有信念的人是可敬的，也是值得我们学习的。因为他们遇事不畏惧，不恐慌，心中即使有一点儿紧张，也能在奋斗中克服。他们自信而充满征服目标的欲望，他们不怕天，不怕地，凡事竭尽全力，最终成为一名胜利者。

古今中外的那些著名人物，他们之所以能给后人留下巨大的影响和贡献，是因为他们在面对挫折和困难的时候，靠着心中坚强的信念，支撑着他们一路辛劳地走来，是这种矢志不渝的信念支撑着他们一路走向成功。

信念是人生的支柱，它能把做一件事情的信心一直延续下去，是信心的归宿。信心是开始建立信念的前奏。没有信心就不会产生出信念。

人生没有绝境。无论遭受多少艰辛，无论经受多少苦难，只要深植信念之柱立于心中，厄运与困难就会迎刃而解，烦恼和痛苦也会烟消云散。

胜利的信念——集中目标，心无旁骛

一个目标，一个信念，拥有它们，你便会打开成功的大门。

春秋时代，楚国人养叔很会射箭，能在夜间百步穿杨。楚王拜他为师，按照养叔教他的方法练了几天学会了射箭的方法，就约养叔一块儿去打猎，想借此显示自己的本领。到了野外，仆人把野鸡从树林里赶出来，楚王搭箭刚要射，突然从右

边蹿出一只黄羊，楚王觉得射黄羊比射野鸡更容易，便连忙瞄准黄羊。这时从左边蹿出一只梅花鹿，楚王认为梅花鹿比黄羊有价值，又想射梅花鹿，到底射什么好呢？犹豫之际，又有一老鹰飞过头顶，楚王又觉得射鹰更有意思，就想瞄准老鹰，可是弓还没拉开，鹰已经飞远了，这时，其他猎物也不知去向。楚王比划了半天什么也没射到。

养叔在一旁看的真切，便对楚王说：“要想射得准，在心中还要有专一的目标，不应三心二意。在百步以外放十片杨叶，要我将注意力放在一片叶子上，我能十射十中；要是让我把注意力同时放在十片叶子上，我也没把握射中。”

如果我们做事不能坚持自己的信念，看到房地产赚钱，就去搞房地产；看到印刷业赚钱，就去搞印刷……浅尝辄止，没有集中做一件事的信念。就会像文中的楚王一样。成功的人发一次愿就会终生坚持；失败的人往往是天天发愿，朝三暮四地去做事。

一个人如果为自己确定了人生目标，就一定要像射出的箭一样，直奔目标，而且还要有坚持到底的信念，只有那样，你

才有可能获得自己的成功。如果没有坚定的信念，做事达不到成功的“火候”，就去做另外的事情，又要重新开始，如此循环往复，人生是没有多少时间去让你透支的。

一个组织也是这样，如果有一种成功的信念，一直能在组织中鼓舞人心，那就是拥有一种能够凝聚、并坚持实现共同远景目标的能力，也会使组织获得成功。

第六章

心态决定命运

把忧虑清出你的头脑

德国文学家席勒说："烦恼像一把摇椅，它可以使你有事可做，但却不会使你前进一步。"

成功学家卡耐基讲过这样一个故事：

威利·卡瑞尔年轻的时候，在美国纽约水牛钢铁公司做事。有一次，他到密苏里州水晶城的匹兹堡玻璃公司去安装一架瓦斯清洁机，目的是清除瓦斯里的杂质使瓦斯燃烧时不至于伤到引擎，这是当时清洁瓦斯最先进的方法。可是等他到了水晶城着手工作的时候，很多事先没有想到的困难都发生了。瓦

斯清洁机经过调整后，机器可以使用了，但清除效果没有达到所规定的程度。

卡瑞尔说：

我对自己的失败非常吃惊，觉得好像是有人在我肚子上重重地打了一拳。我的胃和整个肚子都开始扭痛起来。有很长一段时间，我担忧得简直没有办法睡觉。

最后，我想，忧虑并不能够解决这个问题。于是我想出一个不需要忧虑就可以解决问题的办法，结果非常有效。我这个克服忧虑的办法，已经使用了30多年。其实这个办法没有什么玄机，它非常简单，任何人都可以使用。共有三个步骤：

第一，我先是无所畏惧，冷静地分析了整个情况，先找出万一失败可能发生的最坏情况是什么。没有人会把我关起来，或者把我枪毙，这一点是肯定的。不错，很可能我会丢掉差事，也可能客户会把整个机器拆掉，使投下去的两万块钱泡汤。

第二，找出可能发生的最坏的情况之后，我就让自己在必要的时候能够接受它。我对自己说，这次的失败，在我的记录上会是一个很大的污点，可能我会因此而丢差事。但即使真是

如此，我还是可以另外找到一份差事，事情可以比这更好。至于我的那些客户，他们也知道我们现在是在试验一种清除瓦斯新法，如果这种实验要花他们两万美元，他们还付得起，因为成功之后，会给他们带来很大利润。

发现可能发生的最坏情况，并让自己能够接受之后，我马上轻松下来，感受到几天以来所没经历过的一份平静。

第三，从这以后，我就平静地把我的时间和精力，拿来试着改善我在心理上已经接受的那种最坏情况。

我努力找出一些方法，让我减少我们目前面临的两万元损失，我做了几次实验，最后发现，如果我们再多花5000块钱，加装一些设施，我们的问题就可以解决。我们照这个办法去做之后，公司不但没有损失两万块钱，反而还赚了15000块钱。

如果当时我一直担心下去的话，恐怕再也不可能做到这一点。因为忧虑的最大坏处，就是毁了我集中精神的能力，从而会把事情弄得更不好。

卡瑞尔用自己的方式克服了心理上的忧虑。他先是正视了现实，做了最坏的打算，然后，积极着手行动，最终走出了

忧虑，这是非常有效的办法。而还没有从忧虑中走出来的那些人，就没有卡瑞尔这么幸运了，他们还在忧虑之中苦苦挣扎、欲罢不能。对这些人而言忧虑是有百害而无一益的。

培根曾说：“经得起各种诱惑和烦恼的考验，才算达到了最完美的心灵健康。”忧虑，即担忧、惦念。如果一个人长时间的担忧、惦念就不好了，忧虑的最大坏处在于，它会毁了你集中精神的能力。一个人在忧虑的时候，他的思想会到处乱转，而丧失做决定的能力。

忧虑是一种常见的社会通病，很多人每天花费大量的时间为未来而担忧。他们为自己、家人和社会的未来而忧虑；他们担心自己的身体会出现毛病，他们害怕别人与自己中断关系，他们担心自己所处的社会变得一团糟——不能说他们完全是“杞人忧天”，但这种行为对他们自身而言至少也是徒劳无益的。

与其他一些不良情绪一样，忧虑也是我们的一种常见的心理病症，它的最大坏处在于我们做不了自己的主，任由忧虑的思绪占据我们的身心，是一种极大的精力浪费。当你悔恨时，你会沉迷于过去，由于自己的某种言行而感到沮丧或不快，在回忆往事中消磨掉自己的时光。当你产生忧虑时，你会消耗宝贵的时间，无休止地考虑将来的事情。对我们每个人来说，无

论是沉迷过去，还是忧虑未来，其结果都是相同的：你在浪费目前的时光。

当你具体地审视这两个人生的误区时，就会发现它们存在着一些相似与关联之处；或者说，二者是一个问题中两个相对的方面：内疚悔恨意味着你生活在现实中，由于过去的某些行为而使你产生惰性；而担心未来则使你在现时情况下因将来的某件事而陷入惰性，而你所忧虑的事情往往是自己无法左右的。虽然前者针对过去，后者针对未来，但它对现时的你都产生同样的效果：让你烦恼并产生惰性。

一位名人这样说，牵扯住人们精力的，并不是今天的境况，而是对昨天所发生的事情耿耿于怀，还有就是对未来所没有发生的事情所产生的担忧。我的一周中至少有两天不会产生烦恼，这两天我也不会想任何使我不快乐的事情，我会无忧无虑地度过它。那就是昨天和明天。

一些心理学家认为，没有什么能比忧虑使一个女人老得更快，忧虑会使她们的表情很难看，会使她们的脸上长满皱纹，也会使她们愁眉苦脸、头发灰白，甚至脱落。还会使她们脸上的皮肤产生斑点和粉刺。

忧虑有如一个无形的杀手，它如此消极而无益，你与其为

毫无积极效果的行为浪费自己的宝贵时光，不如面对现实，珍惜现在。其实，对许多人来讲，他们所忧虑的往往是自己无力改变的事情。无论是战争、经济萧条或是生理疾病，不可能因为你一产生忧虑就自行好转或消除。作为一个普通的人，你是难以左右这些事情的。然而，在大多数情况下，你所担忧的事情往往不如你所想象的那么可怕和严重。

不论什么事情的发生都有其内在的根源，我们何不分析为什么会忧虑，采用威利·卡瑞尔的三种步骤可以解决你生活中各种不同的担忧。

第一步，你要看清事实。

第二步，你要分析事实，找出忧虑的原因。

第三步，分析找到根源之后，你要找出解决问题的办法，挑出最好的一个办法做出一个决定。然后再按决定行事。

富兰克林说："烦恼是心智的沉溺。"然而，当我们强迫自己面对最坏的情况，而在精神上接受它之后，我们就能够衡量所有可能的情形，使我们处在一个可以集中精力解决问题的状态。

铲除人生的毒瘤——浮躁

“三天打鱼，两天晒网”“当一天和尚撞一天钟”“浅尝辄止”……都是浮躁。浮躁的心态是要不得的，它是我们幸福生活和成功路上的毒瘤，必须剔除。在追求成功的道路上，容不得浮躁心态。因为成功往往不会一蹴而就，而是饱含着奋斗者的汗水和心血，苦尽才能甘来。

有一座禅院住着老和尚和小和尚师徒两个人。

在炎热的三伏天，禅院的草地枯黄了一大片。“快撒些草籽吧，好难看呀！”徒弟说。“等天凉了，”老和尚挥挥手，

“随时。”

中秋到了，老和尚买了一大包草籽，叫小和尚去播种。秋风突起，草籽四处飘舞，“不好，许多草籽被吹飞了。”徒弟喊。“没关系，吹去者多半中空，落下来也不会发芽，”老和尚说，“随性。”

刚撒完草籽，几只小鸟就来啄食，徒弟又急了。“没关系，草籽本来就多准备了，吃不完，”老和尚继续翻着经书，“随遇。”

恰巧半夜一场大雨，小和尚冲进禅房：“这下完了，草籽被冲走了。”“冲到哪儿，就在哪儿发芽，”老和尚正在打坐，眼皮抬都没抬，“随缘。”

不久，光秃秃的禅院长出青草，就连一些未播种的院角也泛出绿意，望着禅院每个角落泛出的绿意，徒弟高兴得直拍手。老和尚站在禅房前，微笑点点头：“随喜。”

故事中徒弟的心态是浮躁的，常常为事物的表面所左右，而师傅的平常心看似随意，其实却是洞察了世间玄机后的豁然开朗。

在这个千变万化的世界中，人人都可能有过浮躁的心态，这也许只是一个念头而已。一念之后，人们还是该做什么就做什么，不会迷失了方向。然而，当浮躁使人失去对自我的准确定位，使人随波逐流、盲目行动时，就会对家人、朋友甚至社会带来一定的危害。这种心浮气躁、焦躁不安的情绪状态，往往是各种心理疾病的根源，是成功、幸福和快乐的绊脚石，是人生的大敌。无论是做企业还是做人都不可浮躁，如果一个企业浮躁，往往会导致无节制地扩展或盲目发展，最终会失败；如果一个人浮躁，容易变得焦虑不安或急功近利，最终迷失自我。

有一位年轻人，他对大学毕业之后何去何从感到彷徨，因为他没有考上研究生，不知道自己未来的发展；他的女朋友将去一个人才云集的大公司，很可能会移情别恋……别的同学都主动去联系工作单位，而他成天借酒浇愁，无论做什么都充满浮躁、提不起来一点精神，天天混在宿舍里，无动于衷，甚至天天梦想着时来运转。他还经常和同学争吵，从没有耐心地做好一件事，最后他的同学几乎都找到了自己的工作。而他却烦恼丛生。

于是他去找心理医生，心理医生说："浮躁，无病呻吟。你看过章鱼吧？有一只章鱼，在大海中，本来可以自由自在地游动，寻找食物，欣赏海底世界的景致，享受生命的丰富情趣。但它却找了个珊瑚礁，然后动弹不得，焦躁不安，呐喊着说自己陷入绝境，你觉得如何？"心理医生用故事的方式引导他思考。

心理医生提醒他："当你陷入烦恼的浮躁反应时，记住你就好比那只章鱼，要松开你的手，用它们自由游动。阻碍章鱼的正是自己的手臂。"

人心很容易被种种烦恼所捆绑。但都是自己把自己关进去的，心态浮躁是自投罗网的结果，就像章鱼，作茧自缚，而从不想着走出来，最后让浮躁毁了自己。

有些人做事缺少恒心，见异思迁，急功近利，不安分守己，总想投机取巧，成天无所事事，脾气大。面对急剧变化的社会，他们不知所措，对前途毫无信心，心神不宁，焦躁不安。丧失了理智，做事莽撞，缺乏理性，甚至会做出伤天害理和违法乱纪的事情来。

一个时期以来，特别是目前，人们生活水平提高了，度过了挨饿的岁月，但人的欲望也在一天天地滋长。一些刚走出象牙塔的大学生，有一种急切地展现自己价值的渴望，他们想急于把花掉的大把学费挣回来，想急着为他花光积蓄的父母表示一下孝心，还急着找自己的配偶，急着买房、买车……等等的一切，其实哪一项也得花费不菲的钱财。对于刚出校门的他们来说，确实是一项沉重的负担。

当这些欲望得不到满足时，他们越想得到，于是浮躁的心态产生了，做事情没有仔细的态度，比如阅读，从来不会静下心来看看书中的精髓，由于心不在书，所以眼睛一掠而过，书反而成了消磨时间的工具。做什么都浅尝辄止、浮躁难耐。

人们之所以陷入了浮躁的误区，原因就是失衡的心态在作祟。当自己不如别人，当压力太大、过于繁忙、缺乏信仰、急于成功、过分追求完美等等问题出现而又不能得到满意解决时，便会心生浮躁。或者说，浮躁的产生是因为心理状态与现实之间，发生了一种冲突和矛盾。

我们可能不时地需要同浮躁做不屈的斗争，有时甚至要用一生的代价去搏斗。比如，官员如果浮躁，他就会为了升迁而不择手段，甚至会做出损害人民的事来；做人如果浮躁，就会

急于求成，会让人势利、浅薄。

一些所谓远大的理想也不是高不可攀，只是我们太过浮躁，浮躁使我们的生活处于杂乱无序的状态之中。为此我们会自己管不住自己，我们就会被浮躁所左右，结果是一无所获，只得悲壮地说，从头再来吧。当前，浮躁之风已经遍及我们生活的角角落落。

车水马龙、琼楼玉宇、鱼翅燕窝、钞票美女……这个处处膨胀着欲望的时代使我们很容易地进入浮躁的怪圈。

我们不论做什么都来不得半点的浮躁之风，做好任何一件事情，都需要付出相当的精力和体力。如果浮躁，我们做事的质量就会大打折扣。一个人浮躁，个人就不会成功；一个企业浮躁，企业可能从此走向下坡路。我们只有静下心来，踏实而心无旁骛地做事，才不会受浮躁消极心态的控制。

把压力变成动力

在我们的生存环境里，绝对的保险和安全是没有的，没有决不失败的计划，没有绝对可靠的设计，没有全无风险的安排。人生绝不可能那么完美。人的一生充满压力。但是，每个人对压力的反应各不相同：有些人被压力压垮，有些人则变压力为自己前进的动力，一路辛劳快速地走来，突破了层层障碍，最后使自己走向成功。

有一位毫无知名度的运动员，第一次参加马拉松比赛时，一马当先，力挫群雄，第一个冲过终点，获得了世界冠军。

赛毕，蜂拥而来的记者团团围住了他，不停地争着提问："你怎么取得了这么好的成绩？"这位运动员气喘吁吁地回答："因为我的身后有一匹狼。"

记者们听了回答，有如丈二和尚摸不着头脑，正疑虑间，这个运动员接着说："在我三年前开始练习长跑的时候，周围的环境全是崇山峻岭，教练每天凌晨两三点钟就让我起床。有一段时间，我尽了自己很大的努力，可是一直进展不大。

有一天清晨，正当我跑步的时候，身后突然传来了一声狼的吼叫，开始是稀稀落落的几声，好像离得很远，但很快就急促起来，并且就在我的身后，吓得我不敢回头看，知道自己是被狼盯上了，于是拼命地往前跑去。那天的训练，我的成绩好极了。后来，教练问我原因，我说自己遇到了狼。教练意味深长地说：'原来不是你不行，而是你的身后缺少一匹狼。'后来，我才知道那天清晨根本就没有狼我听见的狼叫，是教练装出来的。

从那以后，每次训练时，我都想象着身后有一匹狼，于是成绩突飞猛进。今天，当我参加这场比赛时，我依然想象我的

身后有一匹狼，所以我成功了。”

俗话说，没有压力就没有动力。一位伟人也曾说过，平静的水面练不出精悍的水手，安逸的环境选不出优秀的人才。就是这个道理，文中的教练为了有效激发弟子的潜力，不惜屈尊装狼叫。教练的良苦用心可想而知，给弟子一定的压力，让他尽力发挥自己的潜能，从而脱颖而出。

斯巴昆说：“有许多人一生的伟大，来自他们所经历的大困难。” 宝剑的锋利是从通过高温炉火的煅烧和无数千锤百炼中铸造出来的。有很多人本来具有担当大任的能力，但由于一生都在没有风雨的温室环境中度过的，他们没有经历过风雨的洗礼，其内在潜伏的能量难以发挥，这就注定其默默无闻的平庸人生。因此，适当的压力对于我们来说，并不是我们的死敌，而是我们得以磨砺而出的熔炉，经过它的锻烧，使我们具有了可以适应任何环境的能力。特别是在这个竞争激烈的社会里，适应的压力可以让我们在众多竞争者中胜出。如果我们没有压力，不去奋斗争取，那么，属于我们的机会就会拱手让出。

世界名著《简·爱》的作者夏洛克·勃朗蒂意味深长地说过：“人活着就是为了含辛茹苦。”人的一生肯定会有各种各

样的压力，于是内心总经受着煎熬，但这才是真实的人生。人无压力轻飘飘，事实上，压力并不是一件坏事，它是成就你辉煌的最雄厚资本。

战胜恐惧

英国著名作家萧伯纳曾经说过："对于害怕危险的人，这个世界上的一切都是有危险的。"

一次，一个人同一位准备远航的水手交谈，他问："你父亲是怎么死的？"

"出海捕鱼，遇着风暴，死在海上。"

"你祖父呢？"

"也死在海上。"

"那么，你还去航海，不怕死在海上吗？"

水手反问：

“你父亲死在哪里？”

“死在床上。”

“你的祖父呢？”

“也死在床上。”

“那么，你每天睡在床上不感到害怕吗？”

这个故事含有深刻的人生哲理，言简意赅，反映出水手明知祖父、父亲都死在海上，却没有因为害怕再一次被大海吞噬的危险而改变自己的奋斗目标，仍然乐观地从事着自己的事业。

机会都是给那些不畏艰难困苦的人准备的。安逸的生活环境好像温室中一样，温室里的花朵是体味不出梅花那种傲立风雪的境界的。其实生活总是青睐于那些具有风险意识、勇敢无畏和敢于探索和尝试的人的。如果只注意风险，就像上文中的故事那样，这个世界上就不会有一处让你感到安生的地方，就会处处有等待你的陷阱、处处有等待你的危机。唯有那些勇于追求、实现追求的人才能领略到人生最大的喜悦和幸福。

迈克·英泰尔是一个非常胆小的人，他几乎对生活的一切都害怕得要死，自打小的时候，就怕保姆、怕邮递员、怕鸟、怕蛇、怕大海、怕城市、怕荒野、怕黑暗、怕热闹又怕孤独……就这么一个胆小鬼，居然当了记者。

转眼间，他到了37岁，他常为自己怯弱的上半生而哭泣，在一个午后，由于恐惧，精神几近崩溃的他又突然哭了，哭泣的原因是由于一个问题：如果有人说今天自己必须得死，问自己会感到后悔吗？他的答案竟是非常肯定。虽然他有自己的好工作、亲友和美丽的女友，他那平顺的人生从没有显过高峰或谷底。

从没有下过赌注的他，突然心头涌上一个念头，他决定选择北卡罗莱纳州的恐怖角作为他的最终征服目的，来达到他征服生命中所有恐惧的目的。

于是，他做出了一个疯狂的举动：他放弃令人羡慕的记者工作，把随身携带的3美元施舍给了街边的流浪汉。只带了干净的内衣裤，从美国西南岸的加利福尼亚，靠着搭便车与一群陌生的人横越美国，他的目的地是北卡罗莱纳州的恐怖角。

走前，他曾接到奶奶写给他的纸条：你一定会在路上被人杀掉。但他最后却成功了，整个行程有4000多公里，依赖80多个好心人，吃了78顿饭。

整个行程中，他没有接受任何人的钱物，在雷雨交加的夜晚，他就睡在潮湿的睡袋里，也有一些像抢匪或杀手的人让他心生恐惧。有时，他靠打工换取住宿，还碰到一些好心人。到了后来，他终于到了恐怖角。

他挑战恐怖角，恐怖角其实并不恐怖，这个地名是一位16世纪的探险家起的，本来叫"CAPE FAIRE"后来被讹传为："CAPE FEAR"。

这使迈克理解到这个地名的不当，就像自己心生恐惧一样，其实自己不是恐惧死亡，而是害怕生命。

用了六个星期的时间，他到了一个自己陌生的地方，虽然没有得到什么，但他注重的是过程。通过这次冒险的经历，可以在他的回忆中增加勇气和信心，好像他生活的人生一样。对于人生的事情，我们不要杞人忧天，事情该怎么做就怎么做，不要由于其他的原因，而耽误了自己前进的脚步。

放下抱怨的包袱

美国作家海伦说："抱怨只会使心灵阴暗，爱和愉悦则使人生明朗开阔。"

很早以前，有两个人在大海上漂泊，想找一块生存的地方。他们首先到了一座无人的荒岛，岛上虫蛇遍地，处处都潜伏着危机，生存条件十分恶劣。

其中一个人说："我就住在这里了。这地方虽然现在差一点，我要开发它，将来一定会变成一个好地方。"而另一个人却很不满意，心想：这么个荒凉的地方，只有鬼才适应这里的

生活呢！于是他继续漂泊，后来他终于找到一座鲜花烂漫的小岛，岛上已有人家，他们是18世纪海盗的后裔，几代人努力把小岛建成了一座花园。于是，他便留在这里做了小工，生活不好不坏。

过了很多年，一个偶然的机会，他经过那座他曾经放弃的荒岛，于是他决定去拜望老友。

岛上的一切使他怀疑走错了地方：高大的屋舍、整齐的田畴、健壮的青年、活泼的孩子……老友已因劳累、困顿而过早衰老，但精神仍然很好。尤其当说起变荒岛为乐园的经历时，更是神采奕奕。最后老友指着整个岛说："这一切都是我双手干出来的，这儿的人是我的臣民，这是我的岛屿。"

这个人此时不但没有愧疚，而且还抱怨说："为什么上天这么厚爱你，当时你要留我在这岛上，也许会比现在更好。"

现实生活中，很多人都存在抱怨的心理，当你想逞一时口舌之快时，你一定要注意，抱怨像一个沉重的包袱，它只会让你的情绪变得更加愤恨，使你产生消极的行动，最重要的是它还会伤害他人。甚至会毁了你的爱情、友情，还有你的人缘。

在我们这个丰富多彩的社会，不会让所有的人都生活得富足自在。总会有一些人生活得不如意，而这样的人就存在我们的身边。他们的人生充满了抱怨。抱怨自己没有从事一份好职业，抱怨自己没有宽敞明亮的房子，抱怨自己没有一个能上天通地的父辈，抱怨自己从事的工作辛苦而且薪水少得可怜，抱怨自己没有发挥出自己的最大能量……当然，生活的确有很多的遗憾，但也不要抱怨，纵然你面临的全是不幸，也不要抱怨，没有一个人的生活是完美无缺的，如果你老是陷入抱怨的沼泽中不能自拔的话，就永远不能前进，而且这还会像包袱那样，压在你的肩头，使你生活在一种身心俱疲的状态之中。

当一个人把抱怨当成习惯的时候，那是非常可怕的，因为抱怨对别人没有任何好处，对自己也是同样。相反，如果我们对自己的生活无怨无悔，这本身就是一种幸福，我们怎么能让坏心情来左右我们的心理呢。

有些人常常抱怨命运不公，却不看看自己为理想都做了什么，我们索取的总想比付出的大。其实，只要放平心态，拿出行动，你一样也能活得很好。

有一天，一只威猛强壮的老虎来到了天神面前：“我很感

谢你赐给我如此雄壮的体格，如此强大无比的力气，让我有足够的能力统治整个森林。”

天神听了，微笑着问：“但这不是你今天来找我的目的吧？看起来你似乎为了某事而困扰呢！”

老虎轻轻叹了一声，说：“可不是嘛！天神真是了解我啊！我今天来的确是有事相求。因为尽管我的能力再好，但是每天鸡鸣的时候，我总是会被鸡鸣声给吓醒。神啊！祈求你，再赐给我一个力量，让我不再被鸡鸣声给吓醒吧！”

天神笑道：“你去找大象吧，它会给你一个满意的答复的。”

老虎兴冲冲地跑到湖边找大象，还没见到大象，就听到大象跺脚所发出的“砰砰”响声。

老虎加速跑向大象，却看到大象正气呼呼地直跺脚。

老虎问大象：“你干吗发这么大的脾气？”

大象拼命摇晃着大耳朵，吼着：“有只讨厌的小蚊子，总想钻进我的耳朵里，害得我快痒死了。”

老虎离开了大象，心里暗自想着：“原来体形这么巨大的

大象，还会怕那么瘦小的蚊子，那我还有什么好抱怨呢？毕竟鸡鸣也不过一天一次，而蚊子却是无时无刻地骚扰着大象。这样想来，我可比它幸运多了。”

在人的一生中，无论我们走得多么顺利，但只要稍微遇上一些不顺的事，就会习惯性地抱怨老天亏待我们，进而祈求老天赐予我们更多的力量，帮助我们渡过难关。但实际上，老天是最公平的，就像它对老虎和大象一样，每个困境都有其存在的正面价值。

如果你对自己的工作不满意，就要试着去努力，让自己去慢慢适应而且喜欢，因为好的职位总是青睐那些肯埋头苦干和付出实际行动的人。如果你成天没精打采，工作处处抱怨，牢骚满腹，即使有好的职位也不会落到你的头上。

只有自己放下了抱怨的包袱，扭转了消极心态，端正了工作态度，才有可能把握机会来充实自己，对于一个肯努力上进的人来说，生活不会总是亏待他的。

拥有“心光心态”

著名成功学家拿破仑·希尔说：“把你的心态放在你所想要的东西上，使你的心远离你所不想要的东西。对于有积极心态的人来说，每一种逆境都含有等量或者更大利益的种子，有时，那些似乎是逆境的东西，其实往往隐藏着良机。”

1972年，新加坡的旅游业还很不发达，这个国家很想借发展旅游业来带动本国的经济腾飞，这可让旅游局的官员犯了难，于是给总统李光耀打了一份很消极的报告，大意是说，新加坡不像埃及有金字塔，不像中国有长城，不像日本有富士

山，不像夏威夷有十几米高的海浪。除了一年四季直射的阳光，什么名胜古迹都没有，要发展旅游事业，确实是“巧妇难为无米之炊”。

李光耀看过报告后非常气愤，他在报告上批了这么一行字：“你想让上帝给我们多少东西？阳光，有阳光就足够了！”

面对资源短缺的残酷现实，后来，新加坡人民正是利用了那一年四季直射的阳光，种花植草，在很短的时间里，发展成了世界上著名的“花园城市”，连续多年，旅游收入位列亚洲第三位。

曾有位记者到芝加哥大学访问罗伯特·哈金斯校长，请教他是如何对待生活中的不利因素的。罗伯特的回答是：“我一直遵循已故的西尔斯百货公司总裁朱利斯·罗森沃德的建议：‘如果你手中只有一个柠檬，那就做杯柠檬汁吧！’”

生活中在没有选择的情况下，那位大学校长的做法无疑是一种积极明智的方式。而生活中的有些人往往会反其道而行之：如果命运只给他一个柠檬的话，他会立即放弃，并不停地抱怨着：“我的命运怎么这么不好！”于是他消极面对，并且陷于一种顾影自怜之中。如果是一个睿智的聪明人得到一个柠

檬的话，他会接受命运赐予的逆境，一心想着如何改变自身目前的处境。会想方设法地把柠檬变成柠檬汁。

奥地利心理学家阿德勒整整一生都在研究人类及其潜力，他认为人类有一种最不可思议的特征，那就是人都具有一种反败为胜的力量。

以前，瑟尔玛·汤普森的丈夫所在部队驻扎在加州的陆军基地。为了能和丈夫经常相聚，瑟尔玛女士搬到了陆军基地附近去居住，那里是一个令人厌恶的地方，瑟尔玛此前从没有见过这么恶劣的地方，当她丈夫外出演习时，她一个人待在一间小房子里，即使在仙人掌的树荫下，温度也能达到华氏125度，身边没有一个可以和她谈话的人，风沙很大，所有吃的东西都掺入一种沙子的味道。

瑟尔玛女士感觉自己倒霉和可怜到了极点，于是，忍无可忍的她开始给父母写信，说她要回家，要离开那个让她愤怒的鬼地方。不久，她的父亲回信了，她撕开信封一看，信页上只有一句话："有两个人从铁窗朝外望去，一个看到的是满地的泥泞，另一个人却看到的是满天的繁星。"

就是这一句简简单单的话，改变了瑟尔玛女士的一生，她把这句话不知反复念了多少遍，之后，她为自己的逃避深感丢脸，她开始想去找目前境况的闪光点，找寻属于自己的一片星空。

她试着和当地的居民交朋友，这些朴实的居民对她的影响很大，他们把她喜欢的当地纺织品和陶艺品作为礼物送给她，还把一些不舍得卖给游客的心爱之物送给她。让她得以观赏各种各样的仙人掌和当地植物，还有一些小动物，像土拨鼠之类，还观赏沙漠美丽的黄昏景色，去寻找300万年前的贝壳化石，因为在那个年代这里曾是海底……

是什么带来了这些惊人的改变呢?沙漠这个地方恶劣的环境依旧，并没有发生改变，改变的只是她自己。因为她的态度改变了，正是这种改变使她有了一段精彩的人生经历，她所发现的新天地令她觉得既刺激又兴奋。

要使自己不被残酷的现实所左右，就要怀有积极的好心态，善于挖掘、利用自身的资源。虽然有时个体不能改变环境的安排，但谁也无法剥夺其作为“自我主人”的权利。

正确地衡量得失

法国著名作家巴尔扎克说：“在人生的大浪中，我们常常学船长的样子，在狂风暴雨之下把笨重的货物扔掉，以减轻船的重量。”

在很久以前，有一对兄弟在外面发了大财，身上背负许多金银珠宝返乡。途中遇到一群盗寇追杀。最后哥儿俩被一条河流拦住去路，不得已只能涉水渡河。

在岸边，老大望着湍急的水流对老二说：“水流太急，游到水中，若是觉得力不从心，就丢掉一点儿背上的金银珠宝，

继续向对岸游；若再感到体力不支，就继续再丢，保住自己的性命才是最重要的！”

老二听了点点头。此时，盗寇跟踪而至，老大老二急忙纵身入水，向对岸泅渡，没多久，老二就觉得颇为吃力，于是扔掉一半背上的金银珠宝。到了水中央，老二仍感体力难支，又把另一半也扔掉了！

老二筋疲力尽地上了岸，回头一看，老大还在离岸很远的水中挣扎，眼看就要沉下去了！此时，老二大喊：“快扔掉金银珠宝！”

老大听到喊叫，也想解开背着的包袱，扔掉金银珠宝，可是，他已经没有解开包袱的力气。最终落了个葬身水底的结局。

当人生的船负重太多时，我们也应该学着船长的样子把一些笨重的货物抛弃。可是有些人心里总是犹豫不决，舍不得扔掉一点儿东西，就像文中的老大一样，最后只能葬身水底。

人们常说“舍得”，舍得、舍得，有舍才有得。人要学会“舍得”，不能太贪，不能企盼“全得”。通俗地说，“舍”就是放弃。若是上文中的老大舍得放弃金银珠宝，他绝对不会

丢掉性命，他的丧命正是不舍得放弃的结果。

《老子》中说：“祸往往是与福同在，福中往往就潜伏着祸。”我们有时得到了，并不一定是好事，失去了也不一定是坏事。只有放平心态，不患得患失，才会真正有自己的收获。所以，在一些事情上，我们不应为了表面上的得到而喜形于色，我们要放开眼光，正确认识人和事物，认清其本质，不为虚假的表象所迷惑。失去的当然不好，但也要看失去的是什么，得到的又是什么。

古时候，在长城以外的地方，住着一个老头，他有个酷爱骑马的儿子。有一天，他家的一匹马逃到了塞外的大草原上。这时，乡亲们都替他惋惜，怕他受不了，都过来好言相劝：“你丢失一匹骏马，这真是个大损失。但你千万要想开点，保重身体要紧。”这时，老头却十分平静地说：“没关系的，丢失好马虽然是一大损失，但说不定这会成为一件好事呢？”

真是老马识途，过了些时日，那匹马奇迹般地跑回来了，并且还带来一匹北方少数民族的良马。众乡亲闻讯，纷纷前来道喜。这时，老头又意味深长地说：“谁知道这不会变成一件

坏事呢？”家里又多了一匹良马，老头的儿子太高兴了，天天骑马出去玩。有一天，他骑得太快，一不小心从马背上掉下来，把大腿骨摔断了。这时左邻右舍又来探望他、安慰他。站在一旁的老头不紧不慢地说：“谁知道这不会成为一件好事呢？”众人听了都不明白这句话是什么意思。

又过了一年，北方的部落大举入侵塞内，青年男子都被抓去当兵，这些被抓的人十个有九个死于战场。而这个年轻人却因为跛脚未上前线，保全了一条性命。

人们对任何事情要能够想得开、看得透。要以顺其自然的平静心态把握得和失，不抱怨、不叹息、不堕落，胜不骄、败不馁。

有时，舍弃是一种顾全大局的果敢。有谋略的军事家面对即将全军覆灭的境况时，他会说三十六计，走为上计；有远见的企业家在面临破产清算时会说，留得青山在，不怕没柴烧……

在做了某项决策时，应该首先在心里默念一次：有舍才有得，舍就是得，无舍便无得。做人不能因得而猖狂，也不必因失而绝望。走出患得患失的阴影，只要我们做到知足常乐、淡泊名利，我们就能保持良好的心态，做自己喜欢的事情。

保持一颗平常心

英国著名作家萧伯纳说：“人生有两种悲剧，一种是欲望不能得到满足，另一种是欲望得到满足。”

居里夫人曾两度获得诺贝尔奖，她是怎么样对待自己出名的呢？得奖出名之后，她照样钻进实验室，埋头苦干，而把荣誉和成功的金质奖章给小女儿当玩具。有的客人见了感到很惊讶。居里夫人笑了笑说：“我想让孩子们从小就知道，荣誉就像玩具，只能玩玩而已，绝不能永远地守着它，否则你将一事无成。”

而有的人却不是这样，他们做出了点儿成绩，出了点儿名之后，便沾沾自喜起来，自以为功成名就了，就可以天天吃老本了，从此便失去了新的奋斗目标。鲁迅说：“‘自卑’固然不好，‘自负’也是不好的，容易停滞。我想顶好是不要自馁，总是干；但也不可自满，仍旧总是用功。”

《菜根谭》上说：“此身常放在闲处，荣辱得失谁能差遣我；此身常放在静中，是非利害谁能瞒昧我。”意思是说，经常把自己的身心放在安闲的环境中，世间所有的荣华富贵和成败得失都无法左右我；经常把自己的身心放在安宁如常的环境中，人间的功名利禄和是是非非就不能欺骗、蒙蔽我了。

在社会竞争日益激烈的今天，有一种平和的心态，对身体的健康和事业的成败都是至关重要的。当然，平常心是一种经历挫折和失败，不断奋斗努力才能历练出的人生境界。要想保持平常心，看到别人经常出入一些高级场所不羡慕，看到别人拥有自己没有的不嫉妒，不为一切浮华沉沦，而是好好珍惜自己目前所拥有的一切。我们还要从精神上摆脱过多的物欲和得失心理，懂得正确看待别人所拥有的富贵荣华。不妨把一切的功名利禄视为过眼烟云。保持住一颗甘愿淡泊而宁静的心灵。这是人生的一种智慧，更是一种高尚的操守。

时光如白驹过隙，人的一生也是那样匆忙，要想快乐地品尝到人生的精华，需要我们保持一种不卑不亢、宠辱不惊的平常心理。在一些高档场所，我们不必为自己身上的寒酸衣物而羞愧，遇见大款和高官也不用点头哈腰。我们只要保持住心中的那份坦然，即使出身卑微，也不必为此愁眉不展，我们不妨快乐地昂起头，迎接阳光的洗礼。纵然没有高的学历，我们也不自惭形秽，仍然要保持一种积极拼搏的人生态度。只要我们尽自己的最大努力，勇敢地面对人生的挑战，无愧于自己，无愧于社会和他人，我们的心灵就会多一份自然。

保持一颗平常心，是一门生活艺术，更是一种处世智慧。人生在世，生活中有乐有苦，有荣有辱，这是人生的寻常际遇，不足为奇。古往今来，万千事实证明，凡是有所成就者无不具有“荣辱不惊”这种极宝贵的品格。荣也自然，辱也自在，一往无前，否极泰来。

生活在这个世界中的我们，总会面临着生老病死等不幸，面对这些从天而降的灾难，我们还能否保持住心中的那份宁静，如果能处之泰然，则总能使平静和开朗永在心底。而有一些人面对突如其来的境遇方寸大乱，以为天要塌下来了，从此一蹶不振。同样的境遇，不同的人就会产生不同的反应。他们

的差距在哪里呢？根本的原因就在于能否保持一颗平常心，是否能及时而平静地处理变故。

古今中外的伟人，他们遇事不慌，沉着冷静，正确判断所处局势，及时应变，取得了令人瞩目的成就。一般来说，人们只要不是处在激怒或疯狂的状态下，都能够保持自制并做出正确的决定。健康正常的情绪，不仅平时可以给生活带来幸福稳定和畅快，而且能在大难临头的时候，帮助你逢凶化吉，转危为安。

保持平常心绝不是安于现状。人类的伟大在于永不休止的渴望和追求，历史的嬗变在于千百万创造历史的人们永无休止地劳作。生命是一个过程，而生活是一条小舟。当我们驾着生活的小舟在生命这条河中漂流时，我们的生命乐趣，既来自于与惊涛骇浪的奋勇搏击，也来自于对细波微澜的默默深思；既来自对伟岸高山的深深敬仰，也来自于对草地低谷的切切爱怜。所以我们平常的生命，平常的生活一经升华，就会变得不那么平常起来。因为生命和生活是美丽的，这种美丽，蛰伏于最容易被我们忽略的平平常常之中。没有把平常日子过好的人，体味不到人生的幸福，没有珍惜平常的人，不会创造出惊天动地的伟业，因为平常包容着一切，孕育着一切，一切都蕴

含在平常之中。

保持平常心是人生的一种境界，平常心不是平庸，它是源于对现实清醒的认识，是来自灵魂深处的表白。人生在世，不见得权倾四方和威风八面，也就是说最舒心的享受不一定是物欲的满足，而是性情的恬淡和安然。

如果能够对生活中的各种境况随遇而安，我们即使在逆境也能镇定自若，也能以从从容容的心情看待人生的苦与乐，以平常的心态去迎战一切。诸葛亮说，淡泊明志，宁静而致远。平常心是人生中的一种美丽，有了它，我们会不做作、不粉饰，襟怀坦然。平常心不仅会给自己一颗明亮和洞穿世事的慧眼，还可以使自己拥有一个美好充实的人生。

宰相肚里能撑船

法国著名作家雨果说：“世界上最宽阔的东西是海洋，比海洋更宽阔的是天空，比天空更宽阔的是人的胸怀。”

在三国时期，一次，袁绍发布了一个讨伐曹操的檄文，在檄文中，曹操的祖宗三代都被袁绍骂了个畅快淋漓。

曹操看了檄文之后，问手下的人：“这是谁写的？”手下的人认为曹操一定会雷霆震怒，于是小心翼翼地说：“听说是陈琳写的。”出人意料的是，曹操竟对檄文赞赏有加：“陈琳这小子的文章还真不赖，骂得痛快。”

后来发生了官渡之战，袁绍大败，陈琳也被曹操的兵士们捉住。陈琳心想：当初自己把曹操的祖宗都骂了，必死无疑。然而，曹操不仅没有杀陈琳，而且还让他做自己的文书。一次，曹操开玩笑说："你的文笔是不错，但你在檄文中骂我就可以了，为什么还骂我的父亲和祖父呢？"

后来，深受感动的陈琳为曹操出了不少好计策，使曹操颇为受益。

曹操面对死对头陈琳的陈年老账不仅不治罪，甚至还加以重用，其心胸之宽广可见一斑。众多贤才良将居于其麾下也就不难理解了。

宽容是一种开朗。具有宽容心的人，心大，心宽。但宽容的人，绝不是那种佝偻着背，委曲求全的"君子"，决不是自家兄弟。当然，宽容是一种心智极高的修养，也是一种理念、是一种至高的精神境界，说到底是对待人世的一种态度。苏东坡一生颠沛流离，也是"卒然临之而不惊，无故加之而不怒"。

凡是宽容的人都比较乐观豁达，他们对一些事情能够看得开，想得远，还能够对别人的不同意见从理解的角度出发，即

尊重别人的不同想法，从不把自己的观念强加于人。从不是那种“顺我者昌，逆我者亡”的极端个人主义。宽容的人能够给予别人思考和表达见解的权利，宽容将会导致和谐和进步。

一个人要想成功的话，不要只想着自己，不要只顾及自己的感受，有时最好也要从别人的角度来进行换位思考，从不同角度多为别人着想，对别人宽容大方。这样做了，别人也会将心比心，你一旦有了事情也会得到他们的支持，成功才会离你不远。

有一位哲人说：“宽容和忍让的痛苦，能换来甜蜜的结果。”能否宽谅曾经反对过自己的人，是能否做到成功用人的一个重要方面。对于现代的领导者来说，要想吸引能人，做到成功用人，就必须要有宽大的胸怀，要具备宽容体谅反对者的素质。对于一个企业家而言，如果其具有不计前嫌的胸襟，直接关系到他能否纳才、聚才和用才，而且也关系着企业的发展前途。因此，一个优秀的领导者对于有才华的反对者就应以宽广的胸怀，大度的气量主动去接近、重用他们，让他们感受到你的爱才之心和容才之量，从而使他们改变对你的态度，并愿意为你所用；同时，也让你更富有吸引优秀人才加盟的个人魅力。

在唐朝时期，有一位吏部尚书，胸怀宽广，心境豁达，满朝大臣都对他敬重有加。

他有一匹皇上赐给的好马和一个马鞍。一次，他的部属没有和他商量，就骑着他的好马出去了。不巧的是，那个部属不小心把马鞍摔坏了。下属吓得不知所措，只能连夜出逃。

吏部尚书了解事情的经过后，马上让人把他找了回来。当然，所有的人都为那个部属捏了一把汗，但出人意料的是，吏部尚书笑了笑对他说：皇上的赏赐只是对我的能力的认可，而并非是一个马鞍。你又不是故意弄坏了马鞍，完全不必像犯了滔天大罪似的逃跑。

还有一次，吏部尚书在一次战争中得到了许多稀世珍宝，回来后，他就拿出来与大家一起欣赏把玩，其中一个非常漂亮的玛瑙盘，被一个部属不小心摔了个粉碎。这个惹了大祸的部属吓得立刻跪了下来赔罪，但吏部尚书却宽容地对他说：你不是故意的，你没有错啊！大家见吏部尚书一脸轻松的表情，一颗悬着的心总算落了地，而且对他是更加敬佩。

面对繁杂的大千世界，宽容是居高位者所必备的素质，对

于所谓的“异己”，如果在不涉及大是大非的前提下，就应该不去打击、贬抑、排斥，而是应该学会宽容、包容、赞美和与其和谐共处，有如文中的吏部尚书一样。

在这个竞争激烈、商业味十足的社会里，合作无时无处不在，作为社会中的人都是不同的，性格迥异，千差万别。要想合作成功，就不要拘泥于对方的缺点，也不要太过于计较利益，只要能够“互惠互利、合作共赢”就可以了。如果你一直是个“个性十足”的强硬派，丝毫不肯宽容退让，而失去了合作，错失了生意良机，到头来吃亏的还是你自己。即使面对一个经常反对、掣肘你的人，哪怕是你的竞争对手，你也要保持一颗宽容处之的心，最后往往会“化干戈为玉帛”，说不定还会成为你的嫡系和死党。因为你要知道，如果一味针尖对麦芒的话，实质上是自己给自己过不去，生气烦恼的是自己，这无异于是给自己制造麻烦，于人于己没有任何好处。

富兰克林说：“宽怀大度的人应当袒露自己有一些缺点，以便使朋友们不致难堪。”如果一个人不能有宽广的胸怀，不能虚怀若谷，他就不会知道别人的见解和想法，也不会吸收别人的优点和长处，他们会处在一个闭门造车的境地，失败对于他们来说是不可避免的。只有宽容的人，才能够善于完善自身

的发展和提高素质。

下面是获得平和心境的四种有效方法：

（1）放松全身，将背部挺直，靠背静坐，让你的身体完全靠在椅子上，用心放松全身的筋骨，从头到脚趾都处于无力的状态，而后念道“我的脚趾、手指、脸部肌肉都已经疲惫了”，以确认自己真的轻松舒坦。

（2）回想曾经欣赏过的优美风景，例如笼罩于夕霞中的山岳、晨光里的峻谷，夕阳高照的森林，或是河上月光之类的影像，让它们恣意回旋于胸中。

（3）以缓慢而感性的口吻说些祥和的话语，例如“很静呀”“怡人”“平缓”等，并一再重复。

（4）心中想象自己的灵魂是平静的水面，安静地想象灵魂是无波无浪的水境。假如心中翻搅如狂风巨浪，又怎能得到平和呢？

第七章 唤醒沉睡的潜力

思想决定命运

马克思说："心若改变，你的态度就跟着改变；态度改变，你的习惯就跟着改变；习惯改变，你的性格就跟着改变；性格改变，你的人生就跟着改变。"

纳斯美瑟少校的高尔夫球技和一般业余选手差不多，也就是在90杆左右。他梦想着在高尔夫球技上有很大的提高，他用了一种独特的方式达到目标。在他7年没有碰球杆的情况下，他的高尔夫球技怎么样呢？

在他出监狱后，第一次上高尔夫球场时，他就打出了令人

惊讶的74杆。可他已经七年没有上场了。竟然比自己以前打的平均杆数还低了十几杆，这真是让人有些费解。

纳斯美瑟在越南战俘营的七年时间，他被关在一间只有4尺半高、5尺长的笼子里。大部分时间他都被囚禁着，看不到任何人，没人说话，也没有任何体能活动。前几个月，他什么也没有做，只祈求着赶快脱身。后来他发现，他必须发现某种方式，使之占据心灵，这样才不至于疯掉或死掉，于是他就在自己的心中选择了自己最喜欢的高尔夫球，并开始“打起高尔夫球来”。

每天，他都要来到梦想中的乡村俱乐部，每次他都要打18洞。他体验着每一个细节。他想象着自己穿上高尔夫球装，闻到绿树的芬芳和草的香气。他甚至体验到了不同的天气状况——阳光和煦的春天，昏暗的冬天，阳光普照的夏天，树上缀满果实的秋天……

在他脑海里，清晰地浮现了球台、绿草、碧树、啼叫的鸟儿、跳来跳去的松鼠、球场的地形和远处的小狗……

他感觉自己的手握着球杆，练习各种推杆与挥杆的技巧。

他看到球落在修整过的草坪上，跳了几下，滚到他所选择的特定的点上，这一切都在他的心中发生。

实际上，他无处可去。他步步向着他心中的小白球走，好像他的身体真的在打高尔夫球一样。在他心中打完18洞的时间和现实中一样。一个细节、一个步骤也没有省略，他一次也没有错过挥杆左曲球、右曲球和推杆的机会。

每周7天，每天24个小时，18个洞，7年，看起来，他什么都没有做，心理上，他却打了7年的高尔夫球，这才使他打出了74杆的好成绩。

一个人的身体可能被控制，可是一个人的思想却是不可能被控制的。展开想象的翅膀，让思绪飞扬，不但使他度过了越南战俘营的艰难岁月，而且还使自己的高尔夫球艺达到了一个新水平。

生活的幸福不在于你必须拥有花不完的财富，而在于你有什么样的思想和信念。即使你拥有数亿家产，但同时又有一颗永不满足的贪婪之心，那么你永远是个物质的贪婪鬼、精神的乞丐；如果你身无分文，但拥有一颗感恩之心，那么你就是快

乐的。

一个在纳粹集中营生存下来的人说："无论在什么情况下，你还有思考的自由。"

不同的思维方式决定着不同的命运。不断上进，心胸开阔，积极思维，充满希望，这样你就会通向成功。

看看你的思维方式就可以知道你会不会成功。当我们面对半瓶酒时，你是想"糟糕，只剩下一半了"，还是想"太好了，还有一半"？或者是你面对玫瑰花时，你是想"花下面全是刺"，还是想"刺上面全是花"？

这就是说，一个人的成功，首先是由你的思想所决定的，一个人如果思想积极，他就会喜欢接受挑战性的事物，这就是成功了一半。如果对任何事情都害怕，都不敢试一试，哪还有什么成功可言呢？

改变世界从思考开始

著名成功学家拿破仑·希尔说："一切的成就，一切的财富，都始于一个意念，即自我意识。"

医学博士斐塞司悠闲地立在窗前。他好像在凝望着什么，又好像思考着什么。但是从神态看，又好像什么也没有思考，其实就是工作之后漫无目的地遐想，即所谓神游。

周围的一切景物都是沉静的，那直射下来的温暖阳光笼罩着一切，照在了窗前的空地上。地上有一只母猫懒懒地躺在阳光下，舒展的身体和四周的安静是那样和谐。太阳在人们不知

不觉之中悄悄移动。树荫渐渐拉长，渐渐挡住了母猫身上的阳光。当身上的阳光被遮住时，母猫醒来了。它站起来，弓一下腰，不紧不慢地走到有阳光的地方躺下，重新打盹。树影继续移动，猫身上的阳光又失去了。这只猫又站起来，重新走到阳光下。这一切，是那么自然，仿佛一切都事先安排好了，又好像母猫接到阳光的通知似的。

这一景象唤起了斐塞司博士的好奇。究竟是什么引得这只猫待在阳光下？是光与热？对，是光与热。那么，如果光与热对猫有益，那对人呢？为什么不会对人有益？

这个思想在他脑子里一闪。这个一闪的思想，后来成为了闻名于世的日光治疗法的引发点。之后不久，日光治疗法在世界上诞生了。

斐塞司医学博士、诺贝尔奖获得者观看一只猫睡懒觉时所想的，使我们获得了难得的教益和联想。斐塞司由“想”到猫对光和热的追寻，进而想光与热对人的益处，再与人类的健康事业联系在一起。

这是《青年文摘》上的一则“天才和一只睡懒觉的猫”

的故事。如果我们窗前也有这么一只睡懒觉的猫，我们也看到它一次一次向阳光趋近，会想起什么呢？或许想，这只猫怎么还不生小猫？或许想，它倒是很会享受，你瞧，那姿态有多舒坦！或许想，现在的猫不捉老鼠了，给主人养懒了……或许，什么也没有想。

在睡懒觉的猫面前的泛泛一想，其方位与层次竟是这样不同。

所有的人都会想象，人的“想”大致有两种，一种是有思索的目标、有明确的指向，能得出明确结论的想；另一种是漫无目标、不着边际的，即所谓浮想。许许多多人几乎永远停留于飘浮的想，没有指向、没有目标、从不深透地想过什么，所以终其一生毫无成就。有的人在许多时候能超越飘浮的想，进入有目标、有指向的想，并在周密地想过之后，创造奇迹。心理学家经过调查后认为，95%的人总是停留于飘浮的想，只有5%的人能够进入有目标、有指向的想，所以能够取得成就的不超过5%。医学博士、诺贝尔奖获得者斐塞司观看一只睡懒觉的猫所想的，会使我们获得难得的教益和启发。

每个人都有自己的思考，不同的思考，带来不同的行动，最后导致不同的结果。有时一瞬间突然冒出的一个想法，都可能改变我们的一生，有时，甚至会改变整个世界。

系统思考，见树木，更见森林

美国麻省理工学院教授彼得·圣吉说：“系统思考将引导一条新路，使人由看片面到看整体；从对现状做被动反应转为创造未来；从迷失在复杂的细节中到掌握动态的均衡搭配。当然这种所谓片面的观察或细节的把握是隐藏在事件中的，只有系统思考才能切中要害细节而掌控全局。”

经过系统思考，一些小细节往往能反映大问题。看重细节，在心理上重视；把细节做周全，在行动上落实，是成功心智的一个重要方面。

经过50年的发展，系统思考已经发展出一套思考的架构，

它既具备完整的知识体系，也拥有实用的工具，可以帮助我们认清整个变化形态，并了解应如何有效地掌握变化，开创新局。这种系统思考核心就是把事物的主体和细节都放在同等重要的地位来思考。

一次，达尔文发现一个问题：蜜蜂与羊之间有某种相关关系，即某年如果蜜蜂特别多，则羊繁殖得也特别快。进一步研究发现，它们两者的关系是这样建立起来的：蜜蜂如果特别多的话，则蜜蜂给花授粉的机会就大；授粉机会多，草就长得好；草长得好，则羊食料充足，繁殖得就特别快。

蜜蜂与羊之间看似是风马牛不相及的事，但其中的联系也只有像达尔文这样的专家经多年细心观察才会发现，当然这更是系统思考的结果。

世界万事万物之间是一个链，它们之间都是相互联系的。因此，在系统中思考细节，既能驱散迷雾的障碍又能在创业中独辟蹊径。因为问题或办法往往是隐蔽的，会在事情的细节中显现。

在二战前，很早就有人发现德国人有称霸世界的野心，原因是有人发现德国人在大量储存一种原油，而这种原油是制造炸弹不可缺少的原料。遗憾的是，当时没有人相信发现者的推断。

对整个系统来说，其中的各元素都是受到细微且息息相关的行动所牵连，彼此影响着，这种影响往往要经年累月才完全展现出来。

身为群体中的小部分，置身其中而想要看清整体变化，显然是倍加困难，因而我们倾向于将聚焦点放在系统中某一片段，这就是说要找到有效的着眼点，这是对细节思考成熟的关键。

学会反思

反思是指在完成某一工作以后，回过头再来进行思考的一种思维方式。它对于吸取经验教训，更好地采取下一步行动，都能起到很重要的作用。

其实，成功不是遥不可及，只要你每天学会超越自我一点，并不断地总结反思你的经验，成功就会在你的眼前。

自我超越就是能不断清理并加深个人的真正愿望，集中精力，培养客观地观察现实的能力。这种能力，是超出自我的能力或一般人的实力。精熟“自我超越”的人，能够不断实现他们内心深处最想实现的愿望，他们对生命的态度就如同艺术家

对艺术作品一般地全心投入、不断创造、反思和超越，是一种真正的终身“学习”的过程。

实现自我，要会自我反思。真正思考的人，从自己的错误中汲取的知识比从自己的成就中汲取的知识更多，实现自我超越也更快。

卡斯特罗创造了拉丁政治文化的经典。卡斯特罗倔强的同时更是一个知道反思的人，他倡导民族及其政治文化的独立，这方面他也是一个领导者，他对人民爱护有加，古巴没有文盲，教育是免费的，社会公共福利也是非常的好。

半个多世纪过去了，在国际的风云变幻中能立于不败之地，没有不断的反思是不行的。卡斯特罗在反思中超越，在超越中凸现自己的人格魅力，使自己不仅在古巴有大量的追随者，就是在西方他也是很多人的偶像。

鲍威尔是一个黑人将军，在指挥海湾战争中崭露头角。还在担任下层军官时，鲍威尔率领士兵跳伞。临跳前，鲍威尔问士兵的伞准备好了没有，士兵们异口同声地说：“准备好了。”鲍威尔放心不下，他又逐一检查了一遍，结果不查不知道，一查吓一跳——有个士兵的伞居然会打不开！虽没有酿成

大祸，但“做事要细心，不要轻信别人的话”，就是在经历这件事以后鲍威尔吸取的教训。

这句话是鲍威尔的座右铭，鲍威尔的成熟老练就是在这样一些小事中不断的反思、反省中铸造的。

实现“自我超越”是常被忽视的修炼，因为人们通常强调充实自己，却不知个人的反思是培养“自我超越”的重要手段。

开发你的潜能

自然赋予人类无穷的潜力与智慧，可大部分的人都没有充分利用，甚至有的人与其说利用，不如说他们根本不用。后一种人成天浑浑噩噩，把自己的潜能丢在了好似哗哗流水的时光中。雁过留声，人过留名，人生苦短，何不给历史记上厚重的一笔。

有一个叫卡萨尔斯的老人，他已经90多岁了，在这个年龄，他看上去非常的衰老了，还有各种疾病在折磨着他，尤其是那令人疼痛难忍的关节炎更是折磨得他连穿衣服的能力都没

有，每天早晨和晚上都需要有人帮助才能完成。

但是，就在早餐前，他贴近了他最擅长弹奏的钢琴。尽管他走起路来颤颤抖抖，头不时地往前颠，还是费了很大的劲坐上钢琴凳，颤抖地把勾曲肿胀的手指抬到琴键上。

霎时，神奇的事发生了，卡尔萨斯突然完全变了个人似的，透出飞扬的神采，身体也跟着开始动作并弹奏起来，仿佛是一位健康、有力、敏捷的钢琴家。

他那有些肿胀、十根像鹰爪般勾曲着的手指也缓缓地舒展开来，并移向琴键，好像迎向阳光的树枝嫩芽，他的脊背直挺挺的，呼吸也似乎顺畅起来。是弹奏钢琴的念头，完完全全地激发了潜藏于身体内的能力。

当他弹奏钢琴曲时，是那么的纯熟灵巧、丝丝入扣；随着他奏起勃拉姆斯的协奏曲时，手指在琴键上像游鱼般轻快地滑动。

他整个身子像被音乐解，不再僵直和佝偻，代之以柔软和优雅，不再为关节炎所苦。在他演奏完毕，离座而起时，跟他当初就座时全然不同。他站得更挺拔，看起来更高大，走起路来也不再拖着地。他飞快地走向餐桌，大口地吃着，然后走出

家门，漫步在海滩的清风中……

卡萨尔斯热爱音乐和艺术，那不仅曾使他的人生美丽、高贵，并且仍每日带给他神奇。就因为他相信音乐的神奇力量，使他的改变让人匪夷所思，音乐激发了他心中的潜力，让他从一个疲惫的老人转化成一个活泼的精灵。

这个故事影响了成千上万的读者。卡萨尔斯成功地开发了埋藏在内心深处的潜力，使他产生了巨大的力量，从而激发了每一个神经系统，使他进入了一个良好的生活状态之中。

只要我们能够充分认识自我，我们就能把存在我们内心深处的潜在才能激发出来，并能利用生命中最优良的素质，去实现自己的宏伟理想。

所以说，潜能是一种对外界刺激感应很敏锐的东西，它一旦被唤醒，仍需要不断地引导和鼓励，诚如有音乐、艺术天赋的人必须注意培养和坚持一样。否则，潜能和才能会像鲜花一样，枯萎或凋零在默默无闻之中。

假如我们虽有很大的潜能却成天玩乐的话，潜能就永远得不到开发利用，就会处于一种蓄势待发的状态，时间久了，我们的天赋也会渐渐变得迟钝而失去锐气。

正如爱默生所说："我最需要的，是一种能够使我尽我所能的人。"

潜移默化

学过马克思主义哲学的人都知道“量变”和“质变”的规律，如果每天多做一点，就是这一点，如果积累到一定的量，就会引起质变，即会提高你的能力和水平。潜移默化会让你领略到“润物细无声”“于无声处听惊雷”的震撼。

小肖和小侯以前上的是大学的中文系，在一次研讨会上，毕业五年后的他们又见面了，老友相见，自然惊喜万分，在叙了一番哥们儿情长之后，话题说到了事业上。在校时没有发表几篇文章的小侯拿出来几本自己文章的剪贴本给小肖看，说：

“我准备联系出版社，出一本自己的文集。”这让以前才华横溢、小有名气的小肖一下子感到了失落，自惭形秽地说：“你怎么写了这么多的精品文章出来？”

原来，在毕业的前夕，小侯的文章一直没有太大的长进，于是他跑到系里的一个教授那里请教写作之道。

“其实这没有什么深奥的秘密，你只要天天练一练，天天想着它，每天进步一点点就行了。”教授意味深长地说。

毕业后，小侯按照教授说的话来做，天天练一练，天天想着它，日积月累，不知不觉，文章越做越多，见诸书刊发表的也越来越多，累加起来就成了今天这个样子。他毕业几年，虽然工作、生活并不是太顺利，但也不忘天天想它，寻找生活中的感动，酝酿下笔成文，现在有多家报社编辑经常向他约稿，这使他对自己的生活觉得挺满意。

小侯本不如小肖，但他按照教授的教诲，每天要求自己一定要超越自我一点，潜移默化中，以量变引起质变，最后取得了成功。

“每天多做一点”的工作态度能使你大大挖掘自身的潜

力，从而在激烈的竞争中脱颖而出。

卡洛·道尼斯最初为杜兰特工作时职务很低，但后来已成为杜兰特下属一家公司的总裁。他能如此快速升迁，秘密就在于“每天多干一点”。

他说：“在为杜兰特先生工作之初，我就注意到，每天下班后，所有的人都回家了，杜兰特先生仍然会留在办公室里继续工作到很晚。因此，我决定下班后也留在办公室里。是的，的确没有人要求我这样做，但我认为自己应该留下来，在需要时为杜兰特先生提供一些帮助。”

我们不妨每天提前几分钟上班，以便对全天的工作做一个规划，当其他的同事来到办公室的时候考虑该做什么的时候，你已经走在别人的前面了。

要想成为一名成功人物，就必须树立一种聚沙成塔的观念，看似无关紧要的小事，只要你能坚持每天多做一点的话，时间久了，则会带给你意想不到的收获。起初，每天多做一点的初衷也并不是为了得到什么报酬，但如果这样做了，会让你受益更多。它的特点只是细微的进步，这是一般人所不愿关注

的。如果把所有的一点点加起来，也就是你的潜力得到发挥的结果，那就是你巨大的成功了。

当然，在每天多努力一点的过程中，我们也并不是漫无目的地去做，这就需要我们发挥想象，去构建自己理想的人生蓝图。此时，我们不妨闭上眼睛想想看，我们在10年以后将会是什么样子，换言之就是我们积累了多少财富，自己的生活水准达到了什么样的标准，我们与什么样的人在一起共事，我们的社会地位怎样，等等。

如何实现这些设想呢？这都是通过我们每天进步一点获得的。闻名世界的美国科罗拉多大峡谷平均深1.6公里，宽约6~25公里，长约349公里，没去过那里的人们难以想象它是怎样形成的。这是由一条静静地如游丝般的河造就的，600万年前，科罗拉多河第一次流过，那时的科罗拉多还是高原。然而在这条丝带般河流的冲蚀下，100多万年前，已经出现了一个深15米的科罗拉多峡谷，但那时，它最多也只能算一条深沟。又过了许多年，还是那条河，却已经成为举世闻名的科罗拉多大峡谷了。

这说明了什么？一条静静的河能够造就一条深1.6公里的大峡谷，这是靠它每天多努力一点点去冲掉一些泥沙所形成的。就这样，经过100多万年的积累，终于让我们看到了一个大自然

鬼斧神工的杰作。